ライブラリ理工新数学＝T5

基礎と応用 ベクトル解析
［新訂版］

清水勇二 著

サイエンス社

新訂版　はじめに

　本書の初版が発行されて 10 年が過ぎたが，今回，本書を改訂する機会を与えられたのは多くの方々に本書を使用していただいたお蔭であり，望外の喜びである．今回の改訂は比較的小規模であって，特に第 3 章は内容の順序に論理的な問題があったので改めた．それ以外にはいくつかの修正を行い，章末問題を若干差し替え，若干追加をした．

　読者は様々な関心から本書を手に取られたと思うが，ベクトル場とその積分を分かりやすく定義し，実際の計算ができるよう解説することが著者としての第一の目標である．さらに，その先にある曲面論，さらには多様体論を意識し，また物理学，特に電磁気学への応用の興味も大切にしている．その観点からは，第 8 章の微分形式に関連して，1 階偏微分方程式系，テンソルといった話題をさらに含めることも考えられたが，本書のベクトル解析への入門としての役割から必要以上に離れることになるので，含めないこととした．

　最後に，読者諸氏に感謝申し上げるとともに，誤りを知らせて下さった方々にこの場を借りてお礼を申し上げたい．また，今回の新訂版をサポートして下さったサイエンス社の田島伸彦氏，鈴木綾子氏に心より感謝の念を表したい．

2016 年 1 月

　　　　　　　　　　　　　　　　　　　　　　　　　　　　清水勇二

はじめに

　ベクトル解析には，いくつもの記号 (grad, rot, div) や概念が登場し，それらを理解しつつストークス，ガウスの公式等を使いこなせるようにする，というかなり難しい課題が課せられている．大学 1, 2 年次の理工系においても，数学専攻の学生にとっても，まず多変数の世界に十分親しむことが先決である．その後，物理，化学等への応用に向かい，あるいは，一般次元でのストークスの定理の数学的取り扱いが十分に意味をもってくる．

　本書はいわゆるベクトル解析の教科書で，特にストークス，ガウスの公式を目標にした教科書であるが，上記の課題に応えるために 3 つの特徴をもっている．

　まず，1 番目の特徴は，多変数の微積分の復習にページをさいていることである．(多変数の) 微積分，線形代数をある程度学んだ理工系の学生を念頭においてはいるが，特に重要な事項を解説し，ベクトル解析へ適用して見せている．例えば，関数の勾配 $\mathrm{grad}\, f$ は 2.1 節で登場するが，2.2 節でヤコビ行列との関連で触れられ，2.3 節で関数の方向微分との関連で説明され，4.3 節では勾配の本来の意味が説明されるといった具合である．このスタイルは，米国の Vector Calculus と題した教科書に共通するようである．著者の経験でも，多変数の微積分を合わせ復習する必要性と有効性があると思う．

　2 番目の特徴は，ベクトル解析に登場する勾配，回転，発散などの諸概念の意味や，積分領域となる曲線，曲面およびその向きの意味，特に幾何的な意味を詳しく解説していることである．線積分，面積分 (流束積分) を続けざまに説明することは避け，線積分は曲線と，面積分は曲面と対を成して導入することにした．また，幾何学的，直観的な理解を，論理的な基礎付けより優先した．それにより，ストークス，ガウスの公式等を覚えて使うだけでなく，それらを理解しつつ使うことを可能にする．

　3 番目の特徴は，微分形式とその外微分を導入し，いくつかのベクトル解析

の微分操作と積分公式が統一的に扱えることを示したことである．

$$\int_{\partial S} \boldsymbol{F} \cdot d\boldsymbol{r} = \int_{S} (\operatorname{rot} \boldsymbol{F}) \cdot d\boldsymbol{A}, \qquad \int_{\partial \Omega} \boldsymbol{G} \cdot d\boldsymbol{A} = \int_{\Omega} (\operatorname{div} \boldsymbol{G}) dV$$

この 2 つの公式は，形式的によく似ていて，左辺の ∂ という操作が，右辺の rot, div という操作に置き換わっている．これらを共通の枠組みで理解するためには，微分形式，微分形式の外微分，微分形式の積分を導入する必要がある．

本書では，全微分と線積分，面積分から出発して，微分形式の概念を導入した後で，外微分を発見的方法により定義する．より一般的状況での微分形式については，多様体の教科書にその基礎付けを譲る．

その他の特徴としては，多くの教科書と同様に，3 次元空間に絞りベクトル場，微分形式を考察している．また，電磁気学の基礎方程式であるマクスウェルの方程式を，ベクトル解析の観点，微分形式の観点から取り上げている．

より詳しい内容については，各章の冒頭および目次と次の**本書の内容の連関**の矢印を参考にしてもらいたい．

それから，学習がどの位進んでいるか，**ベクトル解析 まとめの表**を眺めてときどきチェックしてもらいたい．また，豆知識あるいは発展的な話題を扱う **Hodgepodge** (あれやこれや) を登場させた．学者の略歴や，関連する話題を取り上げた．最後の参考文献などを参考に，いろいろと挑戦してみるのも良いだろう．

本書の内容は，著者が京都大学理学部，国際基督教大学理学科，東京大学教養学部で行った授業に基づいている．授業に出席していた学生諸氏に感謝する．また，本書の構想の基となった参考文献の Marsden-Tromba [6] を教えていただいた Jack Morava 氏に感謝したい．

最後に，本書の執筆を勧めてくれた東京大学の山本昌宏氏，京都大学の磯祐介氏に感謝する．また，最後まで辛抱強く本書の執筆を見守り編集に携わって下さったサイエンス社の田島伸彦氏と，編集を担当して下さった鈴木綾子氏に心より感謝の念を表したい．

2006 年 6 月

清 水 勇 二

はじめに

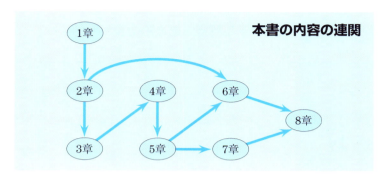

集合の記号

最初に，本書で使う記号を説明する．2次元および3次元のユークリッド空間でのベクトルおよびベクトル場を扱うが，数と空間の記号を導入するのが便利である．

ベクトルとの対比で，数はスカラーとも呼ばれて使われる．ここで使う数の世界は実数である．実数の全体の集合を

$$\mathbf{R}$$

と記す．a が実数であること，または，a が実数全体の集合 $\mathbf{R}$ に属することを

$$a \in \mathbf{R}$$

と表す．

デカルト (Descartes) 以来，2次元，または，3次元の点 (の座標) は，(a_1, a_2), (a_1, a_2, a_3) と表される．このような2つ組，3つ組の元が属する集合を

$$\mathbf{R}^2 = \mathbf{R} \times \mathbf{R}, \quad \mathbf{R}^3 = \mathbf{R} \times \mathbf{R} \times \mathbf{R}$$

と記す†．例えば，

$$(a_1, a_2, a_3) \in \mathbf{R}^3$$

は，(a_1, a_2, a_3) が3次元空間 $\mathbf{R}^3$ の点 (またはベクトル) であることを表す．

「任意の」とは「勝手な」，「すべての」あるいは「どの」とも言い換えられる意味で使う．∀ という記号で表すことがある．

---

† 一般に，集合 X, Y の元の組 (x, y) ($x \in X, y \in Y$) 全体のなす集合を $X \times Y$ と記し，X と Y の直積集合と呼ぶ．

ベクトル解析　まとめの表

	0	1
次元 dimension	0	1
積分領域 (範囲) domain of integration	$-a+b = \partial I$ or 点	$I = [a,b]$ (区間), $t \in I$ or パラメータ付きの曲線 $C : \boldsymbol{r} = \boldsymbol{r}(t) = [x(t), y(t), z(t)]$
体積要素 volume element	1	dt or dx, dy, dz $ds = \|\boldsymbol{r}_t\|dt \quad \left(\boldsymbol{r}_t = \dfrac{d\boldsymbol{r}}{dt}\right)$ $d\boldsymbol{r} = \boldsymbol{r}_t dt = [dx, dy, dz]$
長さ・面積・体積 length, area, volume	"0"	道の長さ $s = \displaystyle\int_I ds$ $= \displaystyle\int_a^b \|\boldsymbol{r}_t\| dt$
被積分関数 integrand	"スカラー場" $f = f(\boldsymbol{r}) = f(x,y,z)$ "ベクトル場" $\boldsymbol{F} = \boldsymbol{F}(\boldsymbol{r}) = \boldsymbol{F}(x,y,z)$	$f ds$ $= f(\boldsymbol{r})\|\boldsymbol{r}_t\| dt$ $\boldsymbol{F} \cdot d\boldsymbol{r} = \boldsymbol{F} \cdot \boldsymbol{t} ds$ $= f_1 dx + f_2 dy + f_3 dz$
積分 integration	関数値 $f(a), f(b)$	線積分 $\displaystyle\int_C f ds$ $\displaystyle\int_C \boldsymbol{F} \cdot d\boldsymbol{r} = \int_C \boldsymbol{F} \cdot \boldsymbol{t} ds$
相互関係 inter-relation	$f(b) - f(a) = \displaystyle\int_{\partial I} f = \int_I df = \int_a^b \dfrac{df}{dt} dt$ 微積分の基本定理	$\displaystyle\int_{\partial S} \boldsymbol{F} \cdot d\boldsymbol{r} = \int_{\partial S} \boldsymbol{F} \cdot \boldsymbol{t} ds$ ストークス
ポテンシャル potential	$f = $ 定数　　$\Longleftarrow$	$\mathrm{grad}\, f = 0$ $\boldsymbol{F} = \mathrm{grad}^{\exists}\, \phi \quad \Longleftarrow$

2	3
$D : \mathbf{R}^2$ の領域, $(u,v) \in D$ or パラメータ付きの曲面 $S : \boldsymbol{r} = \boldsymbol{r}(u,v) = \bigl(x(u,v), y(u,v), z(u,v)\bigr)$	$V : \mathbf{R}^3$ の領域 $\boldsymbol{r} = (x,y,z) \in V$
$dudv$ or $dydz, dzdx, dxdy$ $dA = \|\boldsymbol{r}_u \times \boldsymbol{r}_v\|dudv$ $d\boldsymbol{A} = \boldsymbol{r}_u \times \boldsymbol{r}_v dudv$ $= [dydz, dzdx, dxdy]$	$dxdydz$ $= dV$
面積 $A(S) = \displaystyle\int_S dA$ $= \displaystyle\int_D \|\boldsymbol{r}_u \times \boldsymbol{r}_v\|dudv$	体積 $Vol(V) = \displaystyle\int_V dV$ $= \displaystyle\int_V dxdydz$
fdA $= f(\boldsymbol{r})dA$ $\boldsymbol{F} \cdot d\boldsymbol{A} = \boldsymbol{F} \cdot \boldsymbol{n}dA$ $= f_1 dydz + f_2 dzdx + f_3 dxdy$	fdV $= f(\boldsymbol{r})dV$
面積分 $\displaystyle\int_S fdA$ $\displaystyle\int_S \boldsymbol{F} \cdot d\boldsymbol{A} = \displaystyle\int_S \boldsymbol{F} \cdot \boldsymbol{n}dA$	体積分 $\displaystyle\int_V fdV$
	$\displaystyle\int_{\partial V} \boldsymbol{F} \cdot d\boldsymbol{A} = \displaystyle\int_{\partial V} \boldsymbol{F} \cdot \boldsymbol{n}dA = \displaystyle\int_V \operatorname{div} \boldsymbol{F} dV$ ガウスの公式
$= \displaystyle\int_S (\operatorname{rot} \boldsymbol{F}) \cdot d\boldsymbol{A} = \displaystyle\int_S (\operatorname{rot} \boldsymbol{F}) \cdot \boldsymbol{n}dA$ の公式	
$\boldsymbol{F} = \operatorname{rot}^3 \boldsymbol{G} \quad \Longleftarrow \quad \operatorname{div} \boldsymbol{F} = 0$ $\operatorname{rot} \boldsymbol{F} = 0$	

目　　次

第1章　ベクトルと図形　　1

- 1.1　ベクトル　　1
- 1.2　ベクトルの一次独立性　　2
- 1.3　ベクトルの内積　　5
- 1.4　ベクトルの外積　　5
- 1.5　空間における直線と平面　　8
- 1.6　空間における曲線　　10
- 章末問題　　11

第2章　多変数の微分とベクトル場　　13

- 2.1　多変数の微分　　13
- 2.2　多変数の写像　　15
- 2.3　連鎖律　　20
- 2.4　ベクトル場　　21
- 2.5　ベクトル場の微分　　25
- 2.6　ベクトル場と座標変換　　29
- 章末問題　　37

目　次　　　　　　　　ix

第 3 章　　曲線と線積分　　　39

- 3.1　空間における曲線 39
- 3.2　曲線の長さ 41
- 3.3　線 積 分 I 43
- 3.4　線 積 分 II 45
- 3.5　グリーンの公式 47
- 章 末 問 題 52

第 4 章　　曲面の幾何　　　54

- 4.1　曲面のパラメータ表示 54
- 4.2　曲面の接平面，法線ベクトル 56
- 4.3　勾配ベクトルの幾何学的意味と曲面 59
- 4.4　曲面上の曲線 62
- 章 末 問 題 66

第 5 章　　面積分と流束積分　　　68

- 5.1　多変数の積分 68
- 5.2　多変数の積分における変数変換 70
- 5.3　曲面の表面積 72
- 5.4　面 積 分 74
- 5.5　流 束 積 分 75
- 5.6　曲面の向きと積分 78
- 章 末 問 題 81

第 6 章　　ベクトル場の回転とストークスの公式　　　83

- 6.1　ストークスの公式 83
- 6.2　ベクトル場の回転の意味 85
- 6.3　ストークスの公式の証明 89
- 6.4　流れとしてのベクトル場と回転 91
- 章 末 問 題 96

第 7 章　ベクトル場の発散とガウスの公式　　98

- 7.1　ガウスの公式 …… 98
- 7.2　ベクトル場の発散の意味 …… 103
- 7.3　グリーンの定理 …… 106
- 7.4　マクスウェルの方程式 …… 108
- 章末問題 …… 110

第 8 章　ポテンシャルと微分形式　　111

- 8.1　微分形式：導入の動機 …… 111
- 8.2　微分形式：定義と基本性質 …… 113
- 8.3　外微分 …… 116
- 8.4　微分形式の引き戻し …… 121
- 8.5　微分形式の積分とストークスの定理 …… 123
- 8.6　ポテンシャル …… 127
- 8.7　マクスウェルの方程式と 4 次元の微分形式 …… 132
- 章末問題 …… 142

参考文献　　143

問・章末問題 正解　　144

索引　　148

サイエンス社のホームページのご案内
http://www.saiensu.co.jp
ご意見・ご要望は　rikei@saiensu.co.jp　まで．

第1章

ベクトルと図形

　この章では平面，および空間でのベクトルや，直線，平面等の図形についての簡単な復習と，後で使う新しい概念 (外積) の導入をする．記号については，「はじめに」の最後を参照されたい．たとえば $a \in \mathbf{R}$ は，実数 a が実数全体のなす集合 $\mathbf{R}$ に属することを表している．

1.1 ベクトル

　高校で習った**平面ベクトル**，**空間ベクトル**とは，平面または空間における有向線分のことであった．そして，平行移動により重ねられる2つの有向線分は同一のベクトルを定めるという決まりであった．

　(2次元) 平面，および (3次元) 空間に**座標**をとろう．すると，有向線分 $\overrightarrow{PQ}$ の始点 P を原点 O に平行移動することにより

$$\overrightarrow{PQ} = \overrightarrow{OR}$$
$$\iff R = (a_1, a_2) \in \mathbf{R}^2 \text{ or } R = (a_1, a_2, a_3) \in \mathbf{R}^3$$

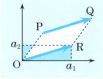

という対応で，ベクトルは数の組 (終点の座標) と同一視できる．

　以下，ベクトルを扱うときは成分を縦に並べた縦ベクトル

$$\begin{bmatrix} a_1 \\ a_2 \end{bmatrix} = {}^t[a_1, a_2], \quad \begin{bmatrix} a_1 \\ a_2 \\ a_3 \end{bmatrix} = {}^t[a_1, a_2, a_3]$$

を考える．^{t} は行列の転置の記号である．行列ないし線形写像を扱うときに，縦ベクトルの方が便利なためである．紙面の都合で，しばしば ${}^t[a_1, a_2, a_3]$ の記法を使う．

【ベクトルの和とスカラー倍】 そして，点の座標とベクトルの違いとして，点は和も**スカラー倍**もしないが，ベクトルの和とスカラー倍は成分ごとの和とスカラー倍で計算できる．

$$\begin{aligned}\boldsymbol{a}+\boldsymbol{b} &= {}^t[a_1,a_2,a_3] + {}^t[b_1,b_2,b_3] \\ &= {}^t[a_1+b_1,\ a_2+b_2,\ a_3+b_3] \\ \lambda\boldsymbol{a} &= \lambda\,{}^t[a_1,a_2,a_3] = {}^t[\lambda a_1,\lambda a_2,\lambda a_3]\end{aligned}$$

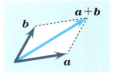

($a_i \in \mathbf{R}$ ($i=1,2,3$), $\lambda \in \mathbf{R}$). このことは既にご存知のことであろう．

(3 次元) 空間に座標をとると，

$$\boldsymbol{e}_1 = {}^t[1,0,0],\quad \boldsymbol{e}_2 = {}^t[0,1,0],\quad \boldsymbol{e}_3 = {}^t[0,0,1]$$

なるベクトルが決まる．$\boldsymbol{e}_1, \boldsymbol{e}_2, \boldsymbol{e}_3$ を**標準基底**と呼ぶ．
($\mathbf{R}^3$ の) $\forall\, \boldsymbol{a} = {}^t[a_1,a_2,a_3]$ は

$$\boldsymbol{a} = {}^t[a_1,a_2,a_3] = a_1\boldsymbol{e}_1 + a_2\boldsymbol{e}_2 + a_3\boldsymbol{e}_3$$

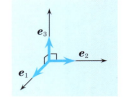

という具合に標準基底のスカラー倍の和の形 (**線形結合**ないし**一次結合**と呼ぶ) に一意的に表せる．これは (2 次元) 平面でも同様である．

ベクトル $\overrightarrow{\mathrm{PP}} = \overrightarrow{\mathrm{OO}}$ をゼロベクトルと呼び，**0** で表す (0 と表されることもある)．3 次元では，$\boldsymbol{0} = {}^t[0,0,0]$ である．任意のベクトル $\boldsymbol{a}$ に対して，

$$\boldsymbol{a}+\boldsymbol{0} = \boldsymbol{0}+\boldsymbol{a} = \boldsymbol{a}$$

が成り立つ．

ちなみに，ベクトルとしての力の概念に最初に到達したのは，フランドルのステヴィン (1548–1620) であった．彼は，力の合成が上図の通り平行四辺形に従うことを述べている．

ベクトルの和とスカラー倍を込みに考えた空間を**ベクトル空間**という．詳しいことについては，線形代数の教科書を参照されたい．

■ 1.2 ベクトルの一次独立性

【一次独立性の幾何的定義】 平面ベクトルが $\boldsymbol{a}, \boldsymbol{b}$ と 2 つ与えられたとき，その始点を共通にとって有向線分として $\overrightarrow{\mathrm{OP}}, \overrightarrow{\mathrm{OQ}}$ と表したとき，OP, OQ が平行四辺形の隣り合う 2 辺であるか，同一直線上に重なるかのいずれかである．これ

は，O, P, Q が三角形の頂点をなすか，なさないか，といっても同じことである．前者の (すなわち，OP, OQ が平行四辺形の隣り合う 2 辺である) ときベクトル a, b は**一次独立**であるといい，後者のとき**一次従属**であるという．繰り返すと，a, b は一次独立であることは，a, b が平行四辺形を張ることに対応する．

同様に，空間ベクトルが a, b, c と 3 つ与えられたとき，a, b, c が平行六面体を張るか，張らないかである．前者のとき，ベクトル a, b, c は**一次独立**であるといい，後者のとき**一次従属**であるという．a, b, c が一次従属であるときには，a, b, c が同一平面上に含まれるが，a, b, c の内少なくとも 2 つが平行四辺形を張るか，a, b, c の 3 つとも同一直線上に重なるかのいずれかである．

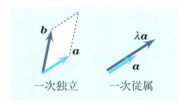
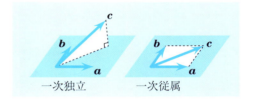

【**一次独立性の条件**】　一次独立性の条件を，ベクトルの成分で判定できるように述べると空間ベクトル $a, b, c \in \mathbf{R}^3$ が一次独立であるための (必要十分) 条件は，次で与えられる：

- 実数 λ, μ, ν について，関係式 $\lambda a + \mu b + \nu c = \mathbf{0}$ が成り立つならば，実は $\lambda = \mu = \nu = 0$ である．

平面ベクトルに対しても同様に，$a, b \in \mathbf{R}^2$ が一次独立であるための (必要十分) 条件は

- 実数 λ, μ について，関係式 $\lambda a + \mu b = \mathbf{0}$ が成り立つならば，実は $\lambda = \mu = 0$ である

となる．

2 つの空間ベクトルに対しても，この条件が満たされるとき，それらは一次独立であるという．同様にして，4 つ以上のベクトルに対しても，それらが一次独立であることを定義できる．3 次元では，高々 3 つのベクトルが一次独立となり得て，2 次元では高々 2 つのベクトルが一次独立となり得る．

> **例題** (一次独立性と行列式) 一次独立な空間ベクトル a, b, c が与えられたとする．このとき，a, b, c が一次独立であることと a, b, c を並べた行列
> $$A = [a, b, c] = \begin{bmatrix} a_1 & b_1 & c_1 \\ a_2 & b_2 & c_2 \\ a_3 & b_3 & c_3 \end{bmatrix}$$
> の行列式が 0 でないこと ($|A| \neq 0$) とは同値である．

解答 まず，次の等式

$$\lambda a + \mu b + \nu c = [a, b, c] \begin{bmatrix} \lambda \\ \mu \\ \nu \end{bmatrix} = \begin{bmatrix} a_1 & b_1 & c_1 \\ a_2 & b_2 & c_2 \\ a_3 & b_3 & c_3 \end{bmatrix} \begin{bmatrix} \lambda \\ \mu \\ \nu \end{bmatrix} \quad (\lambda, \mu, \nu \in \mathbf{R})$$

に注意する．すると，a, b, c の一次独立性は，未知数 λ, μ, ν に関する連立一次方程式

$$\begin{bmatrix} a_1 & b_1 & c_1 \\ a_2 & b_2 & c_2 \\ a_3 & b_3 & c_3 \end{bmatrix} \begin{bmatrix} \lambda \\ \mu \\ \nu \end{bmatrix} = \begin{bmatrix} 0 \\ 0 \\ 0 \end{bmatrix}$$

が自明な解 $\lambda = \mu = \nu = 0$ しかもたないことと同値である．ところで，連立一次方程式の解の自由度 (解空間の次元) は (未知数の数)−(行列 A の階数 rank A) であったから，上の方程式が自明な解しかもたないことは，rank $A = 3$ を意味する．ところで，rank $A = 3$ は A が正則 (あるいは可逆) であることと同値であり，$|A| \neq 0$ と同値である． □

【基底】 一次独立な 3 つの (空間) ベクトル (の組) を (空間の) **基底**と呼ぶ．

たとえば，空間の標準基底 e_1, e_2, e_3 は，一次独立であることは明らかである．このとき，上の A は 3 次の単位行列 I_3 であるので，$\forall x$ に対して，${}^t[\lambda, \mu, \nu] = {}^t[x_1, x_2, x_3] = x$ である．すなわち，任意のベクトル x を標準基底に関する一次結合の形に表示すると，その係数は x の座標である．

一般の基底の場合も，任意のベクトルの基底に関する一次結合の係数は，その基底に関する座標と考えられる．(平面，または空間の) 座標をとるということは，その基底を決めるということと同じことになる．

1.3 ベクトルの内積

ベクトル $\boldsymbol{a} = {}^t[a_1, a_2, a_3]$, $\boldsymbol{b} = {}^t[b_1, b_2, b_3]$ の**内積**は
$$\boldsymbol{a} \cdot \boldsymbol{b} = a_1 b_1 + a_2 b_2 + a_3 b_3$$
で定義する．そして，$(\boldsymbol{a} \cdot \boldsymbol{a} \geqq 0$ ゆえ$)$ ベクトル $\boldsymbol{a}$ の**長さ** $|\boldsymbol{a}|$ は，
$$|\boldsymbol{a}| = \sqrt{\boldsymbol{a} \cdot \boldsymbol{a}} = \sqrt{a_1^2 + a_2^2 + a_3^2}$$
で定められる．

$\boldsymbol{a} = \overrightarrow{\mathrm{OA}}$, $\boldsymbol{b} = \overrightarrow{\mathrm{OB}}$ とするとき，$\boldsymbol{a}, \boldsymbol{b}$ のなす**角** θ とは，$\angle \mathrm{AOB}$ のことである．このとき，
$$\boldsymbol{a} \cdot \boldsymbol{b} = |\boldsymbol{a}| \cdot |\boldsymbol{b}| \cos \theta$$
が成り立つ．

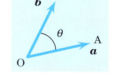

◆ 問 $|\boldsymbol{a} \cdot \boldsymbol{b}| \leqq |\boldsymbol{a}| \cdot |\boldsymbol{b}|$ （コーシー-シュワルツの不等式）

内積に基づいて (2 次元や 3 次元) 空間において**長さ，距離**を測ることができる．その意味で内積を**計量**と呼ぶことがある．内積を込みに考えたベクトル空間を**ユークリッド空間**と呼ぶ．これについても，線形代数の教科書を参照されたい．

1.4 ベクトルの外積

前節のベクトルの内積は，2, 3 次元に限らず同様に定義できる．それに対し，この節のベクトルの**外積** (ないし**クロス積**) は，3 次元ベクトルに特有の "積" である．また，内積が 2 つのベクトルに数 (スカラー) を対応させるものであるのに対し，外積は再びベクトルを対応させるものであることを最初に注意しておこう．

ベクトル $\boldsymbol{a} = {}^t[a_1, a_2, a_3]$, $\boldsymbol{b} = {}^t[b_1, b_2, b_3]$ の外積 $\boldsymbol{a} \times \boldsymbol{b}$ を
$$\boldsymbol{a} \times \boldsymbol{b} := {}^t\!\left[\begin{vmatrix} a_2 & a_3 \\ b_2 & b_3 \end{vmatrix}, \begin{vmatrix} a_3 & a_1 \\ b_3 & b_1 \end{vmatrix}, \begin{vmatrix} a_1 & a_2 \\ b_1 & b_2 \end{vmatrix} \right]$$
で定義する．外積の 3 つの成分は 2×2 の行列式で与えられている．ここで，$\begin{vmatrix} a & b \\ c & d \end{vmatrix} = ad - bc$ であった．

この定義を記憶するための便法として，次の行列式

$$\begin{vmatrix} \bm{e}_1 & \bm{e}_2 & \bm{e}_3 \\ a_1 & a_2 & a_3 \\ b_1 & b_2 & b_3 \end{vmatrix} = \bm{e}_1 \begin{vmatrix} a_2 & a_3 \\ b_2 & b_3 \end{vmatrix} - \bm{e}_2 \begin{vmatrix} a_1 & a_3 \\ b_1 & b_3 \end{vmatrix} + \bm{e}_3 \begin{vmatrix} a_1 & a_2 \\ b_1 & b_2 \end{vmatrix}$$

の第1行に関する小行列式展開と思う方法がある．

注意 ベクトルの外積は，第2章で出てくるベクトル場の回転で使われ，行列式との係わり等で度々登場する．他方，力学では，位置ベクトル $\bm{r} = \bm{r}(t)$ で質量 m の質点の運動に関して，力のモーメント $\bm{N}$，角運動量 $\bm{L}$

$$\bm{N} = \bm{r} \times \bm{F} = \bm{r} \times m \frac{d^2\bm{r}}{dt^2}, \qquad \bm{L} = \bm{r} \times \bm{p} = \bm{r} \times m \frac{d\bm{r}}{dt}$$

といった量の定義で外積が登場する．

次は，外積の定義と行列式の定義から直接的に分かる．

◆**問** $\bm{a}, \bm{b}, \bm{c} \in \mathbf{R}^3, \lambda \in \mathbf{R}$ とする．
 (i) $\bm{b} \times \bm{a} = -(\bm{a} \times \bm{b})$ (ii) $(\bm{a} + \bm{c}) \times \bm{b} = \bm{a} \times \bm{b} + \bm{c} \times \bm{b}$
 (iii) $\bm{a} \times (\bm{b} + \bm{c}) = \bm{a} \times \bm{b} + \bm{a} \times \bm{c}$ (iv) $\lambda(\bm{a} \times \bm{b}) = (\lambda \bm{a}) \times \bm{b} = \bm{a} \times (\lambda \bm{b})$
 (v) $\bm{a} \cdot (\bm{b} \times \bm{c}) = \det [\bm{a}, \bm{b}, \bm{c}]$
  ここで，$[\bm{a}, \bm{b}, \bm{c}]$ は列ベクトルを並べた 3×3 行列である．

例題 (**外積の幾何学的意味**)
 (i) ベクトル $\bm{a}, \bm{b}$ について，次が成り立つ：
$$\bm{a} \cdot (\bm{a} \times \bm{b}) = \bm{b} \cdot (\bm{a} \times \bm{b}) = 0$$
 (ii) $\bm{a}, \bm{b}$ のなす角を θ とする† と次が成り立つ：
$$|\bm{a} \times \bm{b}| = |\bm{a}| \cdot |\bm{b}| \sin\theta$$

解答 (i) 上の問 (v) の性質から，
$$\bm{a} \cdot (\bm{a} \times \bm{b}) = \det [\bm{a}, \bm{a}, \bm{b}] = 0$$
と分かる．
 (ii) $\sin\theta \geqq 0$ なので，両辺を2乗した式を示せばよい．左辺の2乗は

---

†$0 \leqq \theta \leqq \pi \, (= 180°)$ の角を選ぶとする．

$$|\boldsymbol{a} \times \boldsymbol{b}|^2 = \begin{vmatrix} a_2 & a_3 \\ b_2 & b_3 \end{vmatrix}^2 + \begin{vmatrix} a_3 & a_1 \\ b_3 & b_1 \end{vmatrix}^2 + \begin{vmatrix} a_1 & a_2 \\ b_1 & b_2 \end{vmatrix}^2$$
$$= (a_2 b_3 - a_3 b_2)^2 + (a_3 b_1 - a_1 b_3)^2 + (a_1 b_2 - a_2 b_1)^2$$

となる.一方,右辺の2乗は

$$|\boldsymbol{a}|^2 \cdot |\boldsymbol{b}|^2 \sin^2 \theta = |\boldsymbol{a}|^2 \cdot |\boldsymbol{b}|^2 (1 - \cos^2 \theta) = |\boldsymbol{a}|^2 \cdot |\boldsymbol{b}|^2 - |\boldsymbol{a}|^2 \cdot |\boldsymbol{b}|^2 \cos^2 \theta$$
$$= |\boldsymbol{a}|^2 \cdot |\boldsymbol{b}|^2 - (\boldsymbol{a} \cdot \boldsymbol{b})^2$$
$$= (a_1^2 + a_2^2 + a_3^2)(b_1^2 + b_2^2 + b_3^2) - (a_1 b_1 + a_2 b_2 + a_3 b_3)^2$$

となり,左辺と一致する. □

上の性質により,外積 $\boldsymbol{a} \times \boldsymbol{b}$ は,ベクトル $\boldsymbol{a}, \boldsymbol{b}$ の両方に垂直で,その長さは符号を除き $\boldsymbol{a}, \boldsymbol{b}$ の張る平行四辺形の面積に等しい.その向きは,$\boldsymbol{a}, \boldsymbol{b}, \boldsymbol{a} \times \boldsymbol{b}$ が**右手系**をなす向きである.前ページの問 (i) により $\boldsymbol{a}$ と $\boldsymbol{b}$ を入れ替えると向きが反対になるが,これは右手系のルールに合っている.

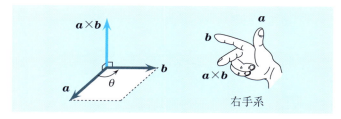

次の性質は上の性質からすぐに導ける:

◆問 (i) ベクトル $\boldsymbol{a}, \boldsymbol{b}, \boldsymbol{c}$ が一次独立であるとき,値

$$|\boldsymbol{a} \cdot (\boldsymbol{b} \times \boldsymbol{c})|$$

は,$\boldsymbol{a}, \boldsymbol{b}, \boldsymbol{c}$ が張る平行六面体の体積に等しい.

(ii) $\boldsymbol{a}_1 = c_{11} \boldsymbol{b}_1 + c_{21} \boldsymbol{b}_2$, $\boldsymbol{a}_2 = c_{12} \boldsymbol{b}_1 + c_{22} \boldsymbol{b}_2$ であるとき,($C = \{c_{ij}\}$ として) 次が成り立つ:

$$\boldsymbol{a}_1 \times \boldsymbol{a}_2 = (c_{11} c_{22} - c_{12} c_{21})(\boldsymbol{b}_1 \times \boldsymbol{b}_2) = \det C (\boldsymbol{b}_1 \times \boldsymbol{b}_2)$$

(iii) $\boldsymbol{\omega} = {}^t[\omega_1, \omega_2, \omega_3]$ に対して $\Omega = \begin{bmatrix} 0 & -\omega_3 & \omega_2 \\ \omega_3 & 0 & -\omega_1 \\ -\omega_2 & \omega_1 & 0 \end{bmatrix}$ とおくと,$\forall \boldsymbol{x} \in \mathbf{R}^3$ について $\Omega \boldsymbol{x} = \boldsymbol{\omega} \times \boldsymbol{x}$ が成り立つ.

1.5 空間における直線と平面

後に空間における曲線と曲面を考察するときの基礎となる**直線**と**平面**について,ここで復習しよう.

直線は2点P, Qを決めれば,

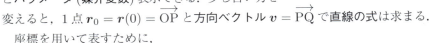

$$r(t) = \overrightarrow{\mathrm{OP}} + t\overrightarrow{\mathrm{PQ}} = r_0 + tv$$

と**パラメータ**(**媒介変数**)表示できる.少し言い方を変えると,1点 $r_0 = r(0) = \overrightarrow{\mathrm{OP}}$ と**方向ベクトル** $v = \overrightarrow{\mathrm{PQ}}$ で直線の式は求まる.

座標を用いて表すために,

$$r = {}^t[x, y, z], \quad r_0 = {}^t[x_0, y_0, z_0], \quad v = {}^t[a, b, c]$$

とおく.すると,

$$\frac{x - x_0}{a} = \frac{y - y_0}{b} = \frac{z - z_0}{c} \ (= t)$$

となる.ただし,たとえば $a = 0$ のときは

$$x = x_0, \quad \frac{y - y_0}{b} = \frac{z - z_0}{c}$$

と理解する約束をする.

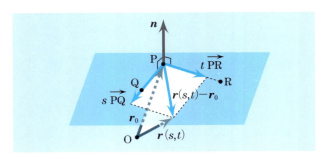

平面は3点P, Q, Rを決めれば,

$$\begin{aligned} r(s, t) &= \overrightarrow{\mathrm{OP}} + s\overrightarrow{\mathrm{PQ}} + t\overrightarrow{\mathrm{PR}} \\ &= \lambda\overrightarrow{\mathrm{OP}} + \mu\overrightarrow{\mathrm{OQ}} + \nu\overrightarrow{\mathrm{OR}} \quad (\lambda + \mu + \nu = 1) \end{aligned}$$

1.5 空間における直線と平面

とパラメータ (媒介変数) 表示できた ($\lambda = 1 - s - t,\ \mu = s,\ \nu = t$).

いま，外積 $\boldsymbol{n} := \overrightarrow{PQ} \times \overrightarrow{PR}$ を考えると，これは考えている平面に直交するベクトルである．終点が平面上にある位置ベクトル $\boldsymbol{r}$ に対し，$\boldsymbol{r} - \boldsymbol{r}_0$ ($\boldsymbol{r}_0 = \overrightarrow{OP}$) は平面上のベクトルゆえ，$\boldsymbol{n}$ と直交する．すなわち，$\boldsymbol{n}$ は**法線ベクトル**である．これから，**平面の方程式**

$$(\boldsymbol{r} - \boldsymbol{r}_0) \cdot \boldsymbol{n} = 0 \iff \boldsymbol{r} \cdot \boldsymbol{n} = \boldsymbol{r}_0 \cdot \boldsymbol{n}$$

を得る．これを座標に直すと，$\boldsymbol{n} = {}^t[\alpha, \beta, \gamma]$, $-d = \alpha x_0 + \beta y_0 + \gamma z_0$ とおいて

$$\alpha x + \beta y + \gamma z + d = 0$$

となる．

例題 （点から平面への距離）

点 $\boldsymbol{p} = {}^t[x_0, y_0, z_0]$ から平面 $\alpha x + \beta y + \gamma z + d = 0$ への距離は

$$\frac{|\alpha x_0 + \beta y_0 + \gamma z_0 + d|}{\sqrt{\alpha^2 + \beta^2 + \gamma^2}}$$

で与えられる．

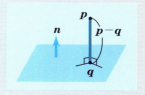

解答 点 $\boldsymbol{p}$ から平面に下ろした垂線の足の位置ベクトルを $\boldsymbol{q}$ とする．求める距離はベクトル $\boldsymbol{p} - \boldsymbol{q}$ の長さである．

$\boldsymbol{p} - \boldsymbol{q}$ は法線ベクトル $\boldsymbol{n}$ に平行ゆえ，$\boldsymbol{p} - \boldsymbol{q} = \dfrac{l}{|\boldsymbol{n}|}\boldsymbol{n}$ とおくと，$\dfrac{\boldsymbol{n}}{|\boldsymbol{n}|}$ は単位ベクトルゆえ，$|l|$ が求める長さである．

この等式の両辺と $\boldsymbol{n}$ との内積をとれば，

$$(\boldsymbol{p} - \boldsymbol{q}) \cdot \boldsymbol{n} = l|\boldsymbol{n}|$$

となる．ゆえに

$$l\sqrt{\alpha^2 + \beta^2 + \gamma^2} = (\boldsymbol{p} - \boldsymbol{q}) \cdot {}^t[\alpha, \beta, \gamma]$$

となり，

$$\boldsymbol{q} \cdot {}^t[\alpha, \beta, \gamma] = -d$$

であるから，求める式を得る． □

1.6 空間における曲線

直線と同様に点が動いて**曲線**が描かれる．物理的には，質量をもった点(**質点**)の運動を考えることになるが，ここでは質量を忘れて差し支えない．

質点の運動には時間のパラメータ(媒介変数)があり，各時刻の位置ベクトルが質点を記述する．数学的に言い換えると，空間ベクトルに値をとる1つのパラメータをもつ関数

$$\boldsymbol{r}(t) = {}^t\!\big[x(t), y(t), z(t)\big] = \begin{bmatrix} x(t) \\ y(t) \\ z(t) \end{bmatrix} \quad (a \leqq t \leqq b)$$

が，空間内の曲線を表す．

例題 シリンダー(円筒) $x^2 + y^2 = 1$ と平面 $x + y + z = 1$ の交わりとして得られる曲線 C をパラメータ表示せよ．

解答 曲線 C 上の点 (x, y, z) はシリンダー上にあることから

$$x = \cos\theta, \quad y = \sin\theta \quad (0 \leqq \theta < 2\pi)$$

と表せる．また，点 (x, y, z) は平面 $x + y + z = 1$ 上にあるので，

$$z = 1 - (x + y) = 1 - (\cos\theta + \sin\theta) = 1 - \sqrt{2}\sin\left(\theta + \frac{\pi}{4}\right)$$

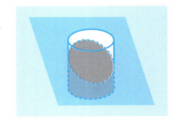

である．したがって，

$$\boldsymbol{r}(\theta) = \begin{bmatrix} \cos\theta \\ \sin\theta \\ 1 - \sqrt{2}\sin\left(\theta + \frac{\pi}{4}\right) \end{bmatrix} \quad (0 \leqq \theta < 2\pi)$$

は曲線 C のパラメータ表示である． □

この例のように，曲線は曲面上に載っているものを考えることがある．空間における曲面については第4章で詳しく扱う．

> ★ **Hodgepodge** ★　　フルネ-セレの公式
>
> 空間内の曲線 $r(t)$ に対して，曲線上の各点での直交座標系を考える上で自然な**正規直交基底**(標構) e_1, e_2, e_3 を選ぶことができる．弧長パラメータ s を用いて
>
> $$e_1(s) = \frac{dr}{ds}(s), \quad e_2(s) = \frac{1}{\left|\frac{d^2r}{ds^2}(s)\right|}\frac{d^2r}{ds^2}(s), \quad e_3(s) = e_1(s) \times e_2(s)$$
>
> とおく．曲線 $r(s)$ の**曲率** $\kappa(s)$ と**れい率** $\tau(s)$ を
>
> $$\kappa(s) = \left|\frac{de_1}{ds}(s)\right|, \quad \frac{de_3}{ds} = -\tau(s)e_2(s)$$
>
> により定める．すると，
>
> $$\begin{cases} \dfrac{de_1}{ds} &= & \kappa e_2 & \\ \dfrac{de_2}{ds} &= & -\kappa e_1 & +\tau e_3 \\ \dfrac{de_3}{ds} &= & & -\tau e_2 \end{cases}$$
>
> なる簡明な公式が得られるが，これが**フルネ-セレ** (Frenet-Serret) **の公式**である．
> 曲率とれい率により空間内の曲線は，合同変換による違いを除き一意的に決まることが知られている．

章 末 問 題

問題 1.1 （i） 2点 $(1,1,1), (2,3,4)$ を通る直線の方程式を求めよ．
 (ii) 点 $(1,2,3)$ を通り，平面 $x+y+z=0$ に垂直な直線の方程式を求めよ．
 (iii) 点 $(1,2,1)$ を通り，ベクトル ${}^t[1,0,1]$ と平行な直線の方程式を求めよ．

問題 1.2 （i） 3点 $(1,0,2), (0,1,2), (3,0,0)$ を通る平面の方程式を求めよ．
 (ii) 平面 Π の上に点 $(1,2,3)$ があり，平面 Π はベクトル $a = {}^t[1,0,1]$, $b = {}^t[0,1,2]$ と平行であるとき，平面 Π の方程式を求めよ．
 (iii) 平面 $x-y+z=2$ に平行で，点 $(3,5,7)$ を通る平面の方程式を求めよ．

問題 1.3 点 $(3,2,1)$ を通り，平面 $x+y-z=0$ に交わらない直線の方程式を求めよ．

問題 1.4 式
$$ax + by + cz = 1 \qquad (a, b, c > 0)$$
で定義される平面と yz 平面, zx 平面, xy 平面 (すなわち, それぞれ $x = 0, y = 0, z = 0$ で定義される平面) で囲まれる領域の体積を求めよ.

問題 1.5 ベクトル $^t[2, -1, 1]$, $^t[2, 0, 1]$, $^t[1, 2, -1]$ で張られる平行六面体の体積を求めよ.

問題 1.6 次のベクトル $\boldsymbol{a}, \boldsymbol{b}$ に対して, クロス積 (外積) $\boldsymbol{a} \times \boldsymbol{b}$ を計算せよ:
(i) $\boldsymbol{a} = {}^t[a_1, a_2, 0]$, $\boldsymbol{b} = {}^t[b_1, b_2, 0]$
(ii) $\boldsymbol{a} = {}^t[a_1, a_2, 0]$, $\boldsymbol{b} = {}^t[0, b_2, b_3]$
(iii) $\boldsymbol{a} = {}^t[a_1, a_2, 1]$, $\boldsymbol{b} = {}^t[b_1, b_2, 1]$

問題 1.7 空間ベクトル $\boldsymbol{a}, \boldsymbol{b}, \boldsymbol{c}$ について, 次の (グラスマンの) 恒等式
$$\boldsymbol{a} \times (\boldsymbol{b} \times \boldsymbol{c}) = (\boldsymbol{a} \cdot \boldsymbol{c})\boldsymbol{b} - (\boldsymbol{a} \cdot \boldsymbol{b})\boldsymbol{c}$$
および (ヤコビの) 恒等式を証明せよ.
$$\boldsymbol{a} \times (\boldsymbol{b} \times \boldsymbol{c}) + \boldsymbol{b} \times (\boldsymbol{c} \times \boldsymbol{a}) + \boldsymbol{c} \times (\boldsymbol{a} \times \boldsymbol{b}) = 0$$

問題 1.8 (i) 2 平面 $x + y + z = 6$, $x - y + z = 3$ のなす角を θ とするとき, $\cos\theta$ を求めよ.
(ii) 2 直線
$$x - 1 = y - 1 = z - 3, \quad \frac{x-2}{1} = \frac{y-2}{2} = \frac{z-4}{3}$$
のなす角を θ とするとき, $\cos\theta$ を求めよ.

問題 1.9 (i) 点 $(1, 2, 3)$ と直線 $\dfrac{x-2}{1} = \dfrac{y-2}{2} = \dfrac{z-4}{3}$ の最短距離を求めよ.
(ii) 点 $(1, 2, 3)$ と平面 $x + y - z = 5$ の最短距離を求めよ.

問題 1.10 点 $(1, 2, 3)$ を通り, 平面 $x + y + z = 6$ の上にある直線 l のうち, 直線 $\dfrac{x-1}{2} = y - 2 = \dfrac{z-3}{2}$ となす角が最小となる直線 l の方程式を求めよ.

問題 1.11 次の方程式で定義される曲線を図示せよ:
$$2x + 2z - 2x^2 - 2xz = 1, \quad x + y + z = 1.$$
また, パラメータ表示せよ.

第2章

多変数の微分とベクトル場

　この章の目的は，大きく分けて 2 つある．1 つ目は，多変数の微分の概念，特に合成関数の微分法の一般化である連鎖律 (chain rule) を復習することにある．多変数の微分については，[7], [8] 等を参照されたい．

　2 つ目は，ベクトル場とその微分に関することを学ぶことにある．特に，ベクトル解析で必ず出てくる grad, rot, div を説明する．座標変換との関連において，ベクトル場の概念を吟味もしよう．

　関数の展開を考えるときに便利な**ランダウ (Landau) の記号**を導入しておこう．関数 $f(x)$ が

$$\lim_{x \to 0} \frac{f(x)}{x^m} = 0 \qquad \left(\lim_{x \to 0} \frac{f(x)}{x^m} < \infty \right)$$

を満たすとき，$f(x) = o(x^m)$ ($f(x) = O(x^m)$) と記すことにする．すなわち，$o(x^m)$ は，$f(x)$ が x^m より速く減少することを表し，$O(x^m)$ は，$f(x)$ が x^m と同じ程度にまたはより速く減少することを表す．

■ 2.1　多変数の微分

ここでは，3 次元に限らず一般的な状況での話をしよう．

多変数の関数 $f = f(x_1, \ldots, x_n)$ を変数 x_i の関数とみて，極限

$$\lim_{h \to 0} \frac{f(x_1, \ldots, x_i + h, \ldots, x_n) - f(x_1, \ldots, x_i, \ldots, x_n)}{h}$$

が存在するならば，この値を $\dfrac{\partial f}{\partial x_i}(x_1, \ldots, x_n)$ と記し，f の (点 $(x_1, \ldots, x_n)$ における) $x_1, \ldots, x_n$ に関する**偏微分係数**という．また，$\dfrac{\partial f}{\partial x_i}$ を $x_1, \ldots, x_n$ の

関数とみたものを f の**偏導関数**と呼ぶ．すべての x_i に関する偏導関数 $\dfrac{\partial f}{\partial x_i}$ が存在して，$(x_1,\ldots,x_n)$ について連続関数であるとき，関数 f を $\boldsymbol{C^1}$ **級の関数**という．

また，すべての i に関して $\dfrac{\partial f}{\partial x_i}$ が C^1 級の関数であるとき，関数 f を $\boldsymbol{C^2}$ **級の関数**という．同様に，$r > 2$ についても $\boldsymbol{C^r}$ **級の関数**が定義される．2 階の導関数を

$$\frac{\partial^2 f}{\partial x_i \partial x_j} = \frac{\partial}{\partial x_i}\left(\frac{\partial f}{\partial x_j}\right)$$

という具合に定義し，同様に，高階の導関数を帰納的に定義する．また，$\dfrac{\partial f}{\partial x_i}$ を f_{x_i} あるいは $\partial_{x_i} f$ と，$\dfrac{\partial^2 f}{\partial x_i \partial x_j}$ を $f_{x_i x_j}$ と，略記することもある．

関数 f が $\mathbf{R}^n$ の点 $(x_1,\ldots,x_n)$ で**全微分可能**であるとは，$(d_1,\ldots,d_n) \in \mathbf{R}^n$ が存在して，絶対値が十分小さい h_i $(i=1,\ldots,n)$ に対して次の関係式が成り立つことをいう：

$$f(x_1+h_1,\ldots,x_n+h_n) = f(x_1,\ldots,x_n) + \sum_{i=1}^n d_i h_i + o\left(\sqrt{\sum_{i=1}^n h_i^2}\right)$$

ここで，ランダウの記号を使った．

上の関係式で，微小な h に対して，$h_i = h$，$h_j = 0$ $(j \neq i)$ としてみると，$d_i = \dfrac{\partial f}{\partial x_i}(\boldsymbol{x})$ であることが分かる．したがって，$\boldsymbol{x} = {}^t[x_1,\ldots,x_n]$ の関数とみた $d_1,\ldots,d_n$ は f の偏導関数であることは明らかである．

C^2 級の関数の重要な性質として，2 階の偏導関数について，ここでは証明は省くが

$$\frac{\partial^2 f}{\partial x_i \partial x_j} = \frac{\partial^2 f}{\partial x_j \partial x_i}$$

という等式が成り立つ (**ヤングの定理**).

C^1 級の (または全微分可能な) 関数 f に対して，

$$\operatorname{grad} f = {}^t\left[\frac{\partial f}{\partial x_1},\ldots,\frac{\partial f}{\partial x_n}\right]$$

とおき，f の**勾配** (gradient) と呼ぶ．n 次元での微分作用素 ∇

$$\nabla = {}^t\!\left[\frac{\partial}{\partial x_1}, \ldots, \frac{\partial}{\partial x_n}\right]$$

を導入すれば，

$$\operatorname{grad} f = \nabla f$$

と書くことができる．$\operatorname{grad} f = \nabla f$ は **n 次元ベクトル場**である．

全微分可能な関数 f に対して，$\operatorname{grad} f$ の記号を用いて全微分可能性の式を書き直せば，

$$f(\boldsymbol{x} + \boldsymbol{h}) = f(\boldsymbol{x}) + \operatorname{grad} f(\boldsymbol{x}) \cdot \boldsymbol{h} + o(|\boldsymbol{h}|)$$
$$\left(\boldsymbol{h} = {}^t[h_1, \ldots, h_n], \quad |\boldsymbol{h}| = \sqrt{\boldsymbol{h} \cdot \boldsymbol{h}}\right)$$

という展開式が得られる．

◆問 (1) 次の関数 f の勾配ベクトル $\operatorname{grad} f = \nabla(f)$ を求めよ：
 (i) $f = xy + z$． (ii) $f = \cos x \cdot \sin(yz)$． (iii) $f = e^{xy - yz + zx}$．
 (2) 関数 f, g について次の等式を示せ：
 (i) $\operatorname{grad}(f + g) = \operatorname{grad} f + \operatorname{grad} g$．
 (ii) $\operatorname{grad}(fg) = f(\operatorname{grad} g) + g(\operatorname{grad} f)$．

◆問 C^1 級の関数 $f(t)$ とベクトル値写像 $\boldsymbol{x}(t), \boldsymbol{y}(t)$ について次の式を示せ：
(i) $\dfrac{d}{dt}(f\boldsymbol{x}) = f'\boldsymbol{x} + f\dfrac{d\boldsymbol{x}}{dt}$． (ii) $\dfrac{d}{dt}(\boldsymbol{x} \cdot \boldsymbol{y}) = \dfrac{d\boldsymbol{x}}{dt} \cdot \boldsymbol{y} + \boldsymbol{x} \cdot \dfrac{d\boldsymbol{y}}{dt}$．
(iii) $\dfrac{d}{dt}(\boldsymbol{x} \times \boldsymbol{y}) = \dfrac{d\boldsymbol{x}}{dt} \times \boldsymbol{y} + \boldsymbol{x} \times \dfrac{d\boldsymbol{y}}{dt}$．

2.2 多変数の写像

多変数の関数とは，n 次元空間 $\mathbf{R}^n$ (またはその開集合 D) の上で定義された関数

$$f : \mathbf{R}^n \text{ (or } D) \to \mathbf{R} \,;\, (x_1, \ldots, x_n) \mapsto f(x_1, \ldots, x_n)$$

のことであった．

多変数の写像とは，n 次元空間 $\mathbf{R}^n$ (またはその開集合 D) から m 次元空間 $\mathbf{R}^m$ への写像

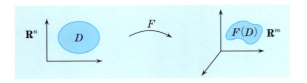

$$F = (f_1, \ldots, f_m) : \mathbf{R}^n \text{ (or } D) \to \mathbf{R}^m$$
$$(x_1, \ldots, x_n) \mapsto \big(f_1(x_1, \ldots, x_n), \ldots, f_m(x_1, \ldots, x_n)\big)$$

のことである．したがって，多変数の写像 F とは (多変数の) 関数の m 個組のことに他ならない．写像 F の成分 f_i がすべて C^r 級であるとき，F は **C^r 級** であるという．

いくつかの特別な場合をみよう．

> (1) $m = 1$ の場合は多変数の関数に他ならない．
> (2) $n = 1$ の場合はパラメータ付きの曲線を表す ($m = 2$ または 3 の場合を，第 3 章で扱う)．値域がベクトルであることを意識して，**ベクトル値関数**ともいう．
> (3) $m = n = 3$ または $m = n = 2$ の場合が本書で扱うベクトル場，あるいは変数変換である．

ベクトル場とは，多変数の写像に他ならない．ただし，値域がベクトル空間であるということを特に意識しているのである．したがって，ベクトル値写像と呼んでも構わないようなものである．ベクトル場については，後の節で詳しくみてゆく．

【3 次元空間の変数変換】　**変数変換**について，例として 3 次元空間での変数変換をみてみよう．写像

$$F : \mathbf{R}^3 \to \mathbf{R}^3;$$
$$(u, v, w) \mapsto (x, y, z) = \big(f_1(u, v, w),\ f_2(u, v, w),\ f_3(u, v, w)\big)$$

を，関数 $g(x, y, z)$ に合成して $(g \circ F)(u, v, w) = g\big(f_1(u, v, w), f_2(u, v, w), f_3(u, v, w)\big)$ を考えることにより，変数を (x, y, z) から (u, v, w) へとり替えられる．

2.2 多変数の写像

また,逆に (u,v,w) を (x,y,z) で表せる場合がある.このときは,座標 (x,y,z) と座標 (u,v,w) は等価であり,互いに行き来できて,F は座標変換である.この条件は,(次に導入する) ヤコビ行列 $J(F)$ は可逆な行列であること,と同値である.このとき,積分の変数変換の公式に応用があり,面積分のところ 5.2 節で復習する.

◆問 $f = f(x,y)$ を x, y の C^2 級関数とする.$x = r\cos\theta, y = r\sin\theta$ なる変数変換で,f を r, θ の関数とみなす.このとき,
(i) $\dfrac{\partial f}{\partial r}, \dfrac{\partial f}{\partial \theta}$ を $\dfrac{\partial f}{\partial x}, \dfrac{\partial f}{\partial y}$ で表せ. (ii) $\dfrac{\partial^2}{\partial x^2} + \dfrac{\partial^2}{\partial y^2}$ を $r, \theta, \dfrac{\partial}{\partial r}, \dfrac{\partial}{\partial \theta}$ で表せ.

【ヤコビ行列】 多変数の C^1 級の写像
$$F = {}^t[f_1, \ldots, f_m] : \mathbf{R}^n \to \mathbf{R}^m$$
の点 $\boldsymbol{p} \in \mathbf{R}^n$ における微分に相当するものとして,その各成分の勾配を並べた行列

$$J(F) = J(F)_{\boldsymbol{p}} := \begin{bmatrix} \operatorname{grad} f_1 \\ \vdots \\ \operatorname{grad} f_m \end{bmatrix} = \begin{bmatrix} \frac{\partial f_1}{\partial x_1} & \cdots & \frac{\partial f_1}{\partial x_n} \\ \vdots & \ddots & \vdots \\ \frac{\partial f_m}{\partial x_1} & \cdots & \frac{\partial f_m}{\partial x_n} \end{bmatrix}$$

を考え,**ヤコビ (Jacobi) 行列**と呼ぶ.ここでヤコビ行列 $J(F)$ は,サイズが $m \times n$ の行列である.

$$J(F) = \left(\frac{\partial f_i}{\partial x_j} \right)_{\substack{1 \leqq i \leqq m \\ 1 \leqq j \leqq n}}$$

したがって,写像 $F = {}^t[f_1, \ldots, f_m]$ はサイズが $m \times 1$ の行列,すなわち,縦ベクトルと考えるとよい.

(1) $m = 1$ の場合,すなわち多変数の写像 f のときは,ヤコビ行列は $J(f) = \nabla \cdot f = \operatorname{grad} f$ となる.ゆえに,$\nabla \cdot f = \operatorname{grad} f$ はサイズが $1 \times n$ であり,横ベクトルと考えるのが本当はよい.しかし,次節の連鎖律に関する場合等を除き,$\operatorname{grad} f$ は縦ベクトルとする流儀を使う.

> (2) $n=1$ の場合,$F = \boldsymbol{r}(t)\ (t \in \mathbf{R}^1)$ はパラメータ付きの曲線であり,$J(\boldsymbol{r}) = \dot{\boldsymbol{r}}(t) = \dfrac{d}{dt}\boldsymbol{r}(t)$ である.
>
> (3) $m = n$ の場合,写像 F は $x_1, \ldots, x_n$ から $y_1 = f_1(x_1, \ldots, x_n), \ldots, y_n = f_n(x_1, \ldots, x_n)$ への変数変換とみなせるが,ヤコビ行列 $J(F)$ の行列式は,**ヤコビ行列式** (Jacobian) と呼ばれ,しばしば
>
> $$\frac{\partial(f_1, \cdots, f_n)}{\partial(x_1, \ldots, x_n)} = \frac{\partial(y_1, \cdots, y_n)}{\partial(x_1, \ldots, x_n)}$$
>
> と記される.

【写像の 1 次近似とヤコビ行列】 さて,F の各成分 f_i の 1 次近似の式

$$f_i(\boldsymbol{x}+\boldsymbol{h}) = f_i(\boldsymbol{x}) + \operatorname{grad} f_i(\boldsymbol{x}) \cdot \boldsymbol{h} + o(|\boldsymbol{h}|) \quad (i = 1, \ldots, m)$$

をベクトルに並べると,

$$F(\boldsymbol{x}+\boldsymbol{h}) = \begin{bmatrix} f_1(\boldsymbol{x}+\boldsymbol{h}) \\ \vdots \\ f_m(\boldsymbol{x}+\boldsymbol{h}) \end{bmatrix} = \begin{bmatrix} f_1(\boldsymbol{x}) \\ \vdots \\ f_m(\boldsymbol{x}) \end{bmatrix} + \begin{bmatrix} \operatorname{grad} f_1(\boldsymbol{x}) \cdot \boldsymbol{h} \\ \vdots \\ \operatorname{grad} f_m(\boldsymbol{x}) \cdot \boldsymbol{h} \end{bmatrix} + o(|\boldsymbol{h}|)$$

$$= F(\boldsymbol{x}) + \begin{bmatrix} \operatorname{grad} f_1(\boldsymbol{x}) \\ \vdots \\ \operatorname{grad} f_m(\boldsymbol{x}) \end{bmatrix} \boldsymbol{h} + o(|\boldsymbol{h}|)$$

$$= F(\boldsymbol{x}) + J(F)_{\boldsymbol{x}} \cdot \boldsymbol{h} + o(|\boldsymbol{h}|)$$

となる.すなわち,

$$J(F) : \mathbf{R}^n \to \mathbf{R}^m\ ;\ \boldsymbol{v} \mapsto J(F)\boldsymbol{v}$$

なる線形写像が写像 F を 1 次近似する.ここで $J(F)\boldsymbol{v}$ は行列と縦ベクトルの積である.

特に $m = 1$ の場合,$J(f) = \operatorname{grad} f$ は $\operatorname{grad} f$ と $\boldsymbol{v}$ の内積を対応させるが,これは f の $\boldsymbol{v}$ 方向の微分に他ならないことを,連鎖律の応用として 2.3 節の例題で示す.このことは,$\mathbf{R}^m, \mathbf{R}^n$ といった空間が接ベクトル全体のなすベクトル空間である,という幾何学的意味付けを示唆している.

例題 (極座標) 変数変換

$$(x, y, z) = (r\cos\theta\sin\varphi, r\sin\theta\sin\varphi, r\cos\varphi) \quad (r, \theta, \varphi \in \mathbf{R})$$

のヤコビ行列とヤコビ行列式を求めよ．また，ヤコビ行列式が可逆でない点はどこか．

解答 ヤコビ行列は直接計算するだけである．答えは，

$$J(F) = \begin{bmatrix} \cos\theta\sin\varphi & -r\sin\theta\sin\varphi & r\cos\theta\cos\varphi \\ \sin\theta\sin\varphi & r\cos\theta\sin\varphi & r\sin\theta\cos\varphi \\ \cos\varphi & 0 & -r\sin\varphi \end{bmatrix}$$

となる．この行列式は，$\dfrac{\partial(x,y,z)}{\partial(r,\theta,\varphi)} = -r^2\sin\varphi$ となる．ヤコビ行列式が 0 となるのは，$r = 0$ または $\varphi = n\pi$ (n は整数) においてである． □

★ Hodgepodge ★ ヤコビ

Jacobi, Carl Gustav (1804–1851)

ベルリン大学で学び，1825 年に部分分数についての理論で博士となる．1827 年から 1842 年までケーニヒスベルク大学で数学の教授であった．楕円関数に関する基本的な研究は，ノルウェーのアーベルと歴史上まれにみる競争となった．楕円関数の数論への応用や，解析力学におけるハミルトン-ヤコビ方程式でも知られている．

純粋数学の研究を擁護した次の言葉はよく知られている：「… フーリエ氏の意見では，数学の主目的は公共への有益性と自然現象の解明にあるとのことですが，彼ほどの哲学者ならば，科学の唯一の目的は人間精神の名誉にあって，その意味では数に関する問題は世界の仕組みに関するものと同じ重要性をもっていることを知るべきでありましょう．」

2.3 連鎖律

合成関数の微分法の一般化である**連鎖律** (chain rule) を説明しよう．これは多変数の微分法で学んだ重要な事柄である．

基本設定として，2 つの写像 $F = {}^t[f_1, \ldots, f_m]$ と $G = {}^t[g_1, \ldots, g_l]$ の合成写像 $G \circ F$ の微分を考える．

$$
\begin{array}{ccccc}
\mathbf{R}^n & \xrightarrow{F} & \mathbf{R}^m & \xrightarrow{G} & \mathbf{R}^l \\
\boldsymbol{p} = \boldsymbol{x} & \longmapsto & F(\boldsymbol{p}) & \longmapsto & G(F(\boldsymbol{p}))
\end{array}
$$

ヤコビ行列 $J(G \circ F)_{\boldsymbol{p}}$ を $J(G)_{F(\boldsymbol{p})}$ と $J(F)_{\boldsymbol{p}}$ で表すのが次の公式である：

連鎖律 (chain rule)

$$J(G \circ F)_{\boldsymbol{p}} = J(G)_{F(\boldsymbol{p})} \cdot J(F)_{\boldsymbol{p}} \quad (\text{右辺は行列の積})$$

成分で表すと次のようになる：

$$\frac{\partial g_i(F(x))}{\partial x_k} = \sum_{j=1}^{m} \frac{\partial g_i}{\partial y_j}(F(x)) \frac{\partial f_j}{\partial x_k}(x) \quad (1 \leq i \leq l,\ 1 \leq k \leq n)$$

連鎖律は，合成関数の微分法 $g(f(t))' = g'(f(t))f'(t)$ の一般化である．

この連鎖律をわれわれが使う場合にみてみよう．$m = 3, l = 1$ とする．また，$G = g(x, y, z)$ とおく．

(1) $n = 1$ の場合，$F = \boldsymbol{r}(t) = {}^t[x(t), y(t), z(t)]$ とおくと

$$\frac{\partial}{\partial t} g(\boldsymbol{r}(t)) = \frac{\partial g}{\partial x} \dot{x}(t) + \frac{\partial g}{\partial y} \dot{y}(t) + \frac{\partial g}{\partial z} \dot{z}(t) = (\operatorname{grad} f) \cdot \dot{\boldsymbol{r}}(t)$$

である．

(2) $n = 3$ の場合，$F = F(u, v, w) = {}^t[f_1(u, v, w), f_2(u, v, w), f_3(u, v, w)]$ とおくと，たとえば

$$\frac{\partial}{\partial u} g(f_1, f_2, f_3) = \frac{\partial g}{\partial x} \frac{\partial f_1}{\partial u} + \frac{\partial g}{\partial y} \frac{\partial f_2}{\partial u} + \frac{\partial g}{\partial z} \frac{\partial f_3}{\partial u} = (\nabla g) \cdot \frac{\partial}{\partial u} F$$

となる．$\frac{\partial}{\partial u} F = J(F) \boldsymbol{e}_1$ であることに注意．

連鎖律の応用として，勾配の幾何学的意味を考えてみよう．

例題 (方向微分としての勾配)

$r(t)$ を点 p を通り，v を点 p での接ベクトルとする曲線とする．たとえば，直線 $r(t) = p + tv$ でよい．

C^1 級の関数 $f(x, y, z)$ に $r(t)$ を代入して，パラメータ t について微分して $t = 0$ としたもの

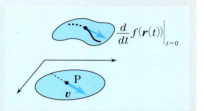

$$\frac{d}{dt} f(r(t)) \bigg|_{t=0} = \lim_{h \to 0} \frac{f(r(t)) - f(r(0))}{h}$$

を求めると，$(\operatorname{grad} f)(p) \cdot v$ となる．すなわち，f の v 方向の微分は勾配 $\operatorname{grad} f$ と v との内積で与えられる．

解答 これは，連鎖律により次のように計算される：

$$\frac{\partial f(r(t))}{\partial t} \bigg|_{t=0} = (\operatorname{grad} f)(r(t)) \cdot v \big|_{t=0} = (\operatorname{grad} f)(p) \cdot v \qquad \square$$

特に，$v = e_1, e_2, e_3$ の場合として $\operatorname{grad} f$ の成分である偏導関数 $\dfrac{\partial f}{\partial x}$, $\dfrac{\partial f}{\partial y}$, $\dfrac{\partial f}{\partial z}$ は，f の x, y, z の各軸方向の微分という意味をもつ．

2.4 ベクトル場

空間 (ないしその領域) 上定義された，空間ベクトルに値をとる関数を (素朴な意味での) **ベクトル場** (vector field) と呼ぶ．これに対して，空間 (ないしその領域) 上定義された，スカラーに値をとる関数を**スカラー場**と呼ぶ．

第3章で登場するパラメータ付きの曲線はベクトルに値をとるが，定義域が1次元の区間であり，ベクトル場の定義域と異なる．しかし，ベクトル場を流れとして理解するときに基本的な役割を果たす．またベクトル場の接線方向や法線方向成分としてのスカラー場が積分における被積分関数として登場する．

これからベクトル場は，$\boldsymbol{F}$, $\boldsymbol{G}$ といった記号で表すことにする．また，その成分表示をするときは，

$$\boldsymbol{F} = {}^t[f_1, f_2, f_3], \quad \boldsymbol{G} = {}^t[g_1, g_2, g_3]$$

と表すことにする．

ベクトル場の例をいくつか挙げよう．

【関数の勾配】　空間 (ないしその領域) 上，定義された (スカラー値) C^1 級関数 f に対して，2.1 節で

$$\operatorname{grad} f = {}^t\left[\frac{\partial f}{\partial x}, \frac{\partial f}{\partial y}, \frac{\partial f}{\partial z}\right]$$

とおき，関数 f の**勾配** (ベクトル) と呼んだ．

> **例題**　関数 $f = \dfrac{1}{r^n}$, $r = \sqrt{x^2 + y^2 + z^2}$ の勾配を求めよ．ただし，n は整数で，$n \leqq 0$ なら $r > 0$ と仮定する．

解答
$$r^2 = x^2 + y^2 + z^2 \implies 2r\frac{\partial r}{\partial x} = 2x$$

ゆえ，

$$\frac{\partial r^{-n}}{\partial x} = -nr^{-n-1}\frac{\partial r}{\partial x} = -n\frac{x}{r^{n+2}}$$

を得る．したがって，$\operatorname{grad}\left(\dfrac{1}{r^n}\right) = \dfrac{-n}{r^{n+2}}\boldsymbol{r}$ となる．ただし，いつもの通り $\boldsymbol{r} = {}^t[x, y, z]$ とおいた．$n = 1$ の場合は万有引力のポテンシャルにあたる． □

【ハミルトン・ベクトル場】　平面におけるベクトル場の一つとして，C^1 級関数 $f(x, y)$ に対して

$$H_f = {}^t\left[\frac{\partial f}{\partial y}, -\frac{\partial f}{\partial x}\right]$$

とおき，**ハミルトン・ベクトル場**と呼ぶ．

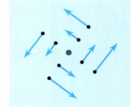

これは力学の運動方程式をハミルトンの方程式として表現するときに使う．実は，これの 3 次元における類似

はなく，偶数次元の相空間において考えることができる．本書では，解析力学に関することは扱わないので，興味ある方は力学の教科書等を参照されたい．

例題 $f = \dfrac{1}{2}y^2 + V(x)$ のハミルトン・ベクトル場 H_f を求めよ．

解答
$$H_f = {}^t\!\left[y, -\dfrac{dV(x)}{dx}\right].$$
□

【ベクトル場の1次近似】 後にベクトル場に関するいろいろな積分の計算で，ベクトル場の1次近似を利用する．$\boldsymbol{F} = \boldsymbol{F}(\boldsymbol{x}) = {}^t[f_1, f_2, f_3]$ を C^1 級のベクトル場とする．写像の1次近似の特別な場合として ($\boldsymbol{h} = \varepsilon\boldsymbol{a}$ として)

$$\boldsymbol{F}(\boldsymbol{x} + \varepsilon\boldsymbol{a}) = \boldsymbol{F}(\boldsymbol{x}) + J(\boldsymbol{F})_{\boldsymbol{x}} \cdot (\varepsilon\boldsymbol{a}) + o(\varepsilon)$$

を得る．

【流れとしてのベクトル場】 ベクトル場のイメージを思い描くのに，ベクトル場を流体の速度場とみなすのは有効である．そのことは，数学的にはベクトル場の積分曲線として捉えられる．

$\boldsymbol{F}$ を3次元空間の領域 Ω で定義された C^1 級のベクトル場として，$\boldsymbol{x}(t_0) = \boldsymbol{p}$ であり

$$(\#) \quad \dfrac{d\boldsymbol{x}(t)}{dt} = \boldsymbol{F}(\boldsymbol{x}(t))$$

を満たす曲線 $\boldsymbol{x}(t)$ $(t \in (t_1, t_2))$ をベクトル場 $\boldsymbol{F}$ の初期値 $\boldsymbol{p}$ の積分曲線という．そのとき，ベクトル $\boldsymbol{x}(t)$ は流体の位置を表すと考えられる．

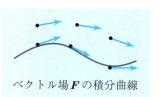

ベクトル場 $\boldsymbol{F}$ の積分曲線

常微分方程式の初期値に関する微分可能性の定理により，方程式 (#) には $(t_0, \boldsymbol{p}$ に依存する区間 (t_1', t_2') で) 解が存在し，しかも一意的である．さらに，その解は初期値について C^1 級である．

解 $\boldsymbol{x}(t)$ の初期値 $\boldsymbol{x}(t_0) = \boldsymbol{p}$ への依存性をより明確にするために，

$$\boldsymbol{x}(t, \boldsymbol{p})$$

という記号もよく使われる．

例題 ベクトル場 $\boldsymbol{F} = {}^t[-y, x]$ の積分曲線を求めよ．

解答 積分曲線 $\boldsymbol{x}(t) = {}^t[x(t), y(t)]$ に対する方程式 (#) は

$$\frac{d}{dt}\begin{bmatrix} x(t) \\ y(t) \end{bmatrix} = \begin{bmatrix} -y(t) \\ x(t) \end{bmatrix}$$

となるから，$y(t)$ を消去して $\dfrac{d^2 x(t)}{dt^2} = -\dfrac{dy(t)}{dt} = -x(t)$ を得る．これを積分して，

$$x(t) = a\cos t + b\sin t, \quad y(t) = -b\cos t + a\sin t \quad ((a,b) = (x(0), -y(0)))$$

となる．これを $\begin{bmatrix} x(t) \\ y(t) \end{bmatrix} = \begin{bmatrix} \cos t & -\sin t \\ \sin t & \cos t \end{bmatrix} \begin{bmatrix} x(0) \\ y(0) \end{bmatrix}$ と表示することもできる．
これは角速度 1 の回転運動を表している． □

★ Hodgepodge ★ ハミルトン

Hamilton, William Rowan (1805–1865)

ダブリン (アイルランド) で生まれ，1823 年からダンシンクのトリニティカレッジで学び，すぐに光学についての論文を書いた．1827 年には学生でありながらダブリン大学の天文学教授と

ダンシンク天文台長に任ぜられた．1834, 5 年には解析力学にハミルトン形式を導入し，ハミルトン-ヤコビ方程式を導入した．量子力学のシュレーディンガー方程式は，古典極限でハミルトン-ヤコビ方程式に帰着する．また，詩人のワーズワースとの交流もあった．

四元数の発見は劇的であった．1843 年 10 月 16 日の夕方，ハミルトンがアイルランド科学アカデミーの会合に参加するためダブリン市内のロイヤル運河沿いを歩いていたとき，突如として四元数の考えが閃き，彼はとっさに運河にかかるブロハム橋 (Brougham bridge) に四元数の基本関係式
$$i^2 = j^2 = k^2 = ijk = -1$$
を刻み込んだという．

2.5 ベクトル場の微分

空間座標に関する偏微分 $\frac{\partial}{\partial x}, \frac{\partial}{\partial y}, \frac{\partial}{\partial z}$ を1つのベクトルとみた微分作用素を

$$\nabla = \begin{bmatrix} \frac{\partial}{\partial x} \\ \frac{\partial}{\partial y} \\ \frac{\partial}{\partial z} \end{bmatrix} = {}^t\left[\frac{\partial}{\partial x}, \frac{\partial}{\partial y}, \frac{\partial}{\partial z}\right]$$

と記す．これは 2.1 節ですでに導入していたものである．この記号は**ナブラ**と読む．記号の形と読み方は古代ギリシャの楽器 (竪琴の一種) に由来している．

この微分作用素を用いると，C^1 級関数 f に対して $\mathrm{grad}\, f = \nabla f$ と表すことができるのだった．

【ベクトル場に対する操作：回転 rot と発散 div】 関数の勾配 grad は，関数からベクトル場を作る操作であったが，ベクトル場からベクトル場やスカラー場を作る操作が他にもある．ここで，回転 rot と発散 div の 2 つの定義をとりあえずしておこう．それらの意味は，ストークスの公式，ガウスの公式を扱うところで説明しよう．

$\boldsymbol{F} = {}^t[f_1, f_2, f_3]$ を C^1 級ベクトル場とする．

$$\mathrm{rot}\, \boldsymbol{F} = \nabla \times \boldsymbol{F} = {}^t\left[\frac{\partial f_3}{\partial y} - \frac{\partial f_2}{\partial z},\ \frac{\partial f_1}{\partial z} - \frac{\partial f_3}{\partial x},\ \frac{\partial f_2}{\partial x} - \frac{\partial f_1}{\partial y}\right]$$

$$\mathrm{div}\, \boldsymbol{F} = \nabla \cdot \boldsymbol{F} = \frac{\partial f_1}{\partial x} + \frac{\partial f_2}{\partial y} + \frac{\partial f_3}{\partial z}$$

とおく．すると $\mathrm{rot}\, \boldsymbol{F}$ は再びベクトル場となり，$\mathrm{div}\, \boldsymbol{F}$ はスカラー場となる．∇ との外積，内積では，微分作用素を関数に左から掛ける (作用させる) 規約に従う．例えば，$f_2 \frac{\partial}{\partial z}$ は考えずに代りに $\frac{\partial}{\partial z} f_2$ を考える．$\mathrm{rot}\, \boldsymbol{F}$ は $\boldsymbol{F}$ の**回転** (rotation)，$\mathrm{div}\, \boldsymbol{F}$ は $\boldsymbol{F}$ の**発散** (divergence) と呼ばれる．回転は**循環**，**カール** (curl) とも呼ばれ，$\mathrm{curl}\, \boldsymbol{F}$ と記されることがある．ちなみに $\boldsymbol{F} \cdot \nabla = f_1 \frac{\partial}{\partial x} + f_2 \frac{\partial}{\partial y} + f_3 \frac{\partial}{\partial z}$ と定義して用いる．従って $\boldsymbol{F} \cdot \nabla \neq \nabla \cdot \boldsymbol{F}$ である．

例題 ベクトル場 $\boldsymbol{F} = {}^t\left[-\frac{ay}{r^n}, \frac{ax}{r^n}, 0\right]$ の回転を計算し，$\boldsymbol{F}$ が回転のない，すなわち，$\mathrm{rot}\, \boldsymbol{F} = 0$ であるための条件を求めよ．ここで，a は定数で $r = \sqrt{x^2 + y^2}$ とする．

解答 $r^2 = x^2 + y^2$ より, $\dfrac{\partial r}{\partial x} = \dfrac{x}{r}$, $\dfrac{\partial r}{\partial y} = \dfrac{y}{r}$ ゆえ,

$$\operatorname{rot} \boldsymbol{F} = {}^t\left[-\dfrac{\partial}{\partial z}\left(\dfrac{ax}{r^n}\right),\ \dfrac{\partial}{\partial z}\left(-\dfrac{ay}{r^n}\right),\ \dfrac{\partial}{\partial x}\left(\dfrac{ax}{r^n}\right) - \dfrac{\partial}{\partial y}\left(-\dfrac{ay}{r^n}\right)\right]$$

$$= {}^t\left[0,\ 0,\ 2\dfrac{a}{r^n} - n\dfrac{ax^2}{r^{n+2}} - n\dfrac{ay^2}{r^{n+2}}\right] = {}^t\left[0,\ 0,\ a\dfrac{2-n}{r^n}\right]$$

従って, $\operatorname{rot} \boldsymbol{F} = 0$ の条件は, $n=2$ と同値である. □

◆ **問** 次のベクトル場の回転と発散を求めよ：
(i) $\boldsymbol{F} = {}^t[x,\ y,\ z]$. (ii) $\boldsymbol{F} = {}^t[\cos x,\ \sin y,\ z^2]$. (iii) $\boldsymbol{F} = {}^t[e^{xy},\ e^{yz},\ e^{zx}]$.

【勾配, 回転, 発散の基本性質】

定理 (**grad, rot, div の合成定理**)
C^2 級の関数 f とベクトル場 $\boldsymbol{F}$ に対して次の等式が成り立つ：
(1) $\operatorname{rot} \operatorname{grad} f = 0.$ (2) $\operatorname{div} \operatorname{rot} \boldsymbol{F} = 0.$

証明 素直に計算してみる.
(1) $\boldsymbol{F} = \operatorname{grad} f = {}^t\left[\dfrac{\partial f}{\partial x}, \dfrac{\partial f}{\partial y}, \dfrac{\partial f}{\partial z}\right]$ を $\operatorname{rot} \boldsymbol{F}$ に代入する. $\operatorname{rot} \operatorname{grad} f$ の x 成分は

$$\dfrac{\partial \left(\dfrac{\partial f}{\partial z}\right)}{\partial y} - \dfrac{\partial \left(\dfrac{\partial f}{\partial y}\right)}{\partial z} = \dfrac{\partial^2 f}{\partial z \partial y} - \dfrac{\partial^2 f}{\partial y \partial z}$$

となるが, f が C^2 級であるとの仮定から右辺は 0 である (ヤングの定理). y 成分, z 成分についても同様である. よって, $\operatorname{rot} \operatorname{grad} f$ はゼロベクトルである.

(2) $\operatorname{div} \operatorname{rot} \boldsymbol{F}$ は計算すると

$$\dfrac{\partial}{\partial x}\left(\dfrac{\partial f_3}{\partial y} - \dfrac{\partial f_2}{\partial z}\right) + \dfrac{\partial}{\partial y}\left(\dfrac{\partial f_1}{\partial z} - \dfrac{\partial f_3}{\partial x}\right) + \dfrac{\partial}{\partial z}\left(\dfrac{\partial f_2}{\partial x} - \dfrac{\partial f_1}{\partial y}\right)$$

$$= \dfrac{\partial^2 f_3}{\partial x \partial y} - \dfrac{\partial^2 f_2}{\partial x \partial z} + \dfrac{\partial^2 f_1}{\partial y \partial z} - \dfrac{\partial^2 f_3}{\partial y \partial x} + \dfrac{\partial^2 f_2}{\partial z \partial x} - \dfrac{\partial^2 f_1}{\partial z \partial y} = 0$$

となる. ここで, $\boldsymbol{F}$ の成分 f_1, f_2, f_3 が C^2 級であることをやはり利用した. □

【ラプラシアン】 C^2 級の関数 f について $\operatorname{div}(\operatorname{grad} f)$ を考えると, これは 0 とは限らない.

$$\operatorname{div}(\operatorname{grad} f) = \dfrac{\partial^2 f}{\partial x^2} + \dfrac{\partial^2 f}{\partial y^2} + \dfrac{\partial^2 f}{\partial z^2}$$

ことが直ちに確かめられる.

$$\Delta := \frac{\partial^2}{\partial x^2} + \frac{\partial^2}{\partial y^2} + \frac{\partial^2}{\partial z^2}$$

をラプラス作用素,あるいはラプラシアンと呼ぶ.$\Delta = \nabla \cdot \nabla = \nabla^2$ であり,これはスカラーとして作用する.また,次を満たす関数 f を調和関数と呼ぶ.

$$\Delta f = \mathrm{div}(\mathrm{grad}\, f) = 0$$

基本性質 $\boldsymbol{F}, \boldsymbol{G}$ を空間 $\mathbf{R}^3$ の C^2 級ベクトル場,f を C^1 級スカラー場 (関数) とする.このとき,次の公式が成り立つ:

(1) $\mathrm{rot}\,(f\boldsymbol{F}) = f\,\mathrm{rot}\,\boldsymbol{F} + (\nabla f) \times \boldsymbol{F}$

(2) $\mathrm{rot}\,\mathrm{rot}\,\boldsymbol{F} = \nabla(\nabla \cdot \boldsymbol{F}) - (\nabla^2)\boldsymbol{F}\ \left(= \mathrm{grad}\,(\mathrm{div}\,\boldsymbol{F}) - (\nabla^2)\boldsymbol{F}\right)$

(3) $\mathrm{rot}\,(\boldsymbol{F} \times \boldsymbol{G}) = (\mathrm{div}\,\boldsymbol{G})\boldsymbol{F} - (\mathrm{div}\,\boldsymbol{F})\boldsymbol{G} + (\boldsymbol{G} \cdot \nabla)\boldsymbol{F} - (\boldsymbol{F} \cdot \nabla)\boldsymbol{G}$

(4) $\mathrm{div}\,(f\boldsymbol{F}) = f\,\mathrm{div}\,\boldsymbol{F} + (\nabla f) \cdot \boldsymbol{F}$

(5) $\mathrm{div}\,(\boldsymbol{F} \times \boldsymbol{G}) = \boldsymbol{G} \cdot (\mathrm{rot}\,\boldsymbol{F}) - \boldsymbol{F} \cdot (\mathrm{rot}\,\boldsymbol{G})$

(6) $\mathrm{grad}\,(\boldsymbol{F} \cdot \boldsymbol{G})\ \left(= \nabla(\boldsymbol{F} \cdot \boldsymbol{G})\right)$
$\qquad = (\boldsymbol{F} \cdot \nabla)\boldsymbol{G} + (\boldsymbol{G} \cdot \nabla)\boldsymbol{F} + \boldsymbol{F} \times (\mathrm{rot}\,\boldsymbol{G}) + \boldsymbol{G} \times (\mathrm{rot}\,\boldsymbol{F})$

特に,$\boldsymbol{G} = \boldsymbol{F}$ とおいて,次の公式を得る:

$$\mathrm{grad}\,(\boldsymbol{F} \cdot \boldsymbol{F}) = 2(\boldsymbol{F} \cdot \nabla)\boldsymbol{F} + 2\boldsymbol{F} \times (\mathrm{rot}\,\boldsymbol{F})$$

◆**問** 上の公式を確かめよ.

★ **Hodgepodge** ★ 　　調和関数 その1

ラプラス作用素 $\Delta = \nabla^2$ を作用させて 0 になる関数を調和関数と呼んだ.調和関数は正則関数と密接に関係している.

複素変数 $z = x + iy$ についての正則関数 $f(z)$ の実部 $u(x,y) = \mathrm{Re}\,f(z)$ と虚部 $v(x,y) = \mathrm{Im}\,f(z)$ はコーシー-リーマンの関係式

$$\frac{\partial u}{\partial x} = \frac{\partial v}{\partial y}, \quad \frac{\partial u}{\partial y} = -\frac{\partial v}{\partial x}$$

を満たすから,$\dfrac{\partial^2 u}{\partial x^2} + \dfrac{\partial^2 u}{\partial y^2} = 0,\ \dfrac{\partial^2 v}{\partial x^2} + \dfrac{\partial^2 v}{\partial y^2} = 0$ を満たし,調和関数であることが分かる.

★ Hodgepodge ★　　ハミルトンの四元数

　複素数が 2 個の実数の組で表されることから，3 個以上の実数の組でもって，複素数のような新しい数の世界が展開できるのかどうか，と考えるのは自然なことであろう．まさにこの問いにハミルトンは 15 年以上取り憑かれていたといえる．彼は i, j を独立な元として，$i^2 = j^2 = -1$ の下で，$\alpha = a + bi + cj$ （a, b, c は実数）に対してその長さを $|\alpha| = \sqrt{a^2 + b^2 + c^2}$ としたとき

$$|\alpha\beta| = |\alpha| \cdot |\beta|$$

が成立するかどうかを問うた．

$$(a + bi + cj)^2 = a^2 - b^2 - c^2 + 2abi + 2acj + 2bcij$$

となるので，上の長さの式で $\beta = \alpha$ として考えると，最後の $2bcij$ を無視すれば

$$(a^2 + b^2 + c^2)^2 = (a^2 - b^2 - c^2)^2 + (2ab)^2 + (2ac)^2$$

は成立している．$ij = 0$ とするのが美的でないと考えたハミルトンは，$(a+bi+cj)^2$ の計算を見直して，$ij = ji$ が成り立つと仮定したのを考え直して，かわりに

$$ij = -ji$$

すなわち $ij + ji = 0$ を仮定すればすべて合理的にゆくことに気がついた．そして，3 次元をあきらめ $k = ij$ を独立な数として導入し，

$$i^2 = j^2 = k^2 = ijk = -1$$

を基本関係式とする四元数 $a + bi + cj + dk$ を導入した．四元数の積は，結合法則も分配法則も満たしている．

　こうして交換則を犠牲にして，新しい非可換な数の世界が 1843 年に発見された．それから 2ヵ月後にはハミルトンの友人のグレイブズが八元数を発見した (1848 年までその発表がなく，1845 年にケーリー (Cayley) が独立に再発見したので今では八元数のことをケーリー数ともいう)．

　ハミルトンの興奮の下で発見された四元数は，熱狂的に迎えた多くの人がいた．マクスウェルもその一人で，四元数を用いた記号を使った．

■ 2.6 ベクトル場と座標変換

自然現象を数式で記述する際，座標を固定して実際の記述ができるが，その座標のとり方には恣意性が含まれてしまう．現象自体は，おおむね座標のとり方に依存しない．そこで，記述あるいは法則が何らかの意味で座標のとり方に依存しない形であることを確認したり，要請することが必要となる．これは現代数学においても同様に日常的な慣習となっている．

この節では空間の座標を取り替えると，ベクトル場の表示がどう変化するかについて考えてみよう．

【座標系】 空間の座標とは，最も一般的には空間の点を次元の個数のパラメータで表すときのパラメータを指す．

n 次元ユークリッド空間 $\mathbf{R}^n$ の**直交座標系** $(x_1, \ldots, x_n)$ が与えられると，標準基底 $\bm{e}_1, \ldots, \bm{e}_n$ が定まる．逆に，基底 $\bm{e}_1, \ldots, \bm{e}_n$ が与えられると，位置ベクトル

$$\mathbf{R}^n \ni \bm{v} = x_1 \bm{e}_1 + \cdots + x_n \bm{e}_n$$

の係数の組 $(x_1, \ldots, x_n)$ として座標系が 1 つ決まる．このようにユークリッド空間の基底と座標系は対応する．正規直交基底に対応するのが，直交座標系である．

【座標変換】 さて，3 次元空間の座標を取り替えることについて考えてみよう．ここでは，平行移動と線形な変換のみを考える．

まず，**平行移動**を考えよう．$\bm{v} = {}^t[v_1, v_2, v_3]$ なるベクトルの分だけ平行移動をするとき，点 (x_1, x_2, x_3) が点 (x_1', x_2', x_3') に写ったとすると

$$(x_1', x_2', x_3') = (x_1 + v_1, x_2 + v_2, x_3 + v_3) \tag{H}$$

という関係が成り立つ．点を位置ベクトルで表せば

$$\bm{x}' = \bm{x} + \bm{v}$$

である．

これを座標変換の観点からみてみよう．(x_1, x_2, x_3) なる座標系をもつユークリッド空間 $\mathbf{R}^3$ の点 (v_1, v_2, v_3) を原点とする新しい (直交) 座標系を (y_1, y_2, y_3) とする．このとき，

$$(y_1, y_2, y_3) = (x_1 - v_1, x_2 - v_2, x_3 - v_3) \tag{Z}$$

という関係が成り立つ．たとえば，新しい座標系の原点 $(0,0,0)$ は，元の座標系では (v_1, v_2, v_3) という座標である．ここでは各座標軸が平行な (右手系が右手系に写る) 座標変換を考えているのである．(H) と (Z) では変換を施す向きが正反対になることに注意しよう．

点の平行移動では 1 つの座標系で移動前と移動後の座標を比較したが，座標系の平行移動では，同一の点の 2 つの座標系での座標の比較をした訳である．

【線形変換】 次に，原点を変えない線形な変換を考えよう．まず，線形変換は点の座標を行列でもって写すのであった：

$$\begin{bmatrix} y_1 \\ y_2 \\ y_3 \end{bmatrix} = \begin{bmatrix} a_{11}x_1 + a_{12}x_2 + a_{13}x_3 \\ a_{21}x_1 + a_{22}x_2 + a_{23}x_3 \\ a_{31}x_1 + a_{32}x_2 + a_{33}x_3 \end{bmatrix} = \begin{bmatrix} a_{11} & a_{12} & a_{13} \\ a_{21} & a_{22} & a_{23} \\ a_{31} & a_{32} & a_{33} \end{bmatrix} \begin{bmatrix} x_1 \\ x_2 \\ x_3 \end{bmatrix}$$
$$\tag{H}$$

【基底の取替えと座標変換】 今度は 2 つの座標系が線形に関係している場合を考えよう．そこで，2 つの基底 e_1, e_2, e_3 と e'_1, e'_2, e'_3 が与えられたとしよう．それぞれの基底に応じて V の座標系 $(x_1, x_2, x_3), (y_1, y_2, y_3)$ が定まる：

$$(*) \qquad \mathbf{R}^3 \ni v = x_1 e_1 + x_2 e_2 + x_3 e_3 = y_1 e'_1 + y_2 e'_2 + y_3 e'_3$$

さて，基底の定義により

$$(**) \qquad e'_j = \sum_{i=1}^{3} p_{ij} e_i = p_{1j} e_1 + p_{2j} e_2 + p_{3j} e_3$$

なるスカラー p_{ij} $(i, j = 1, 2, 3)$ が一意に定まる．また，これを行列の形で表せば，$P = [p_{ij}]$ とおくと次が成り立つ：

$$[e'_1, e'_2, e'_3] = [e_1, e_2, e_3]P = [e_1, e_2, e_3] \begin{bmatrix} p_{11} & p_{12} & p_{13} \\ p_{21} & p_{22} & p_{23} \\ p_{31} & p_{32} & p_{33} \end{bmatrix}$$

$[e_1, e_2, e_3]$ 等を行ベクトルと思ってこの式は成り立っている．同時に $[e_1, e_2, e_3]$ 等を 3 次元の列ベクトルが 3 つ並んだ 3×3 行列と思っても，この式は成り立っている．

2.6 ベクトル場と座標変換

$(*)$ と $(**)$ の状況で,次の関係式が成り立つ:

$$x_i = \sum_{i=1}^{3} p_{ij} y_j = p_{i1} y_1 + p_{i2} y_2 + p_{i3} y_3$$

$$i.e. \begin{bmatrix} x_1 \\ x_2 \\ x_3 \end{bmatrix} = \begin{bmatrix} p_{11} & p_{12} & p_{13} \\ p_{21} & p_{22} & p_{23} \\ p_{31} & p_{32} & p_{33} \end{bmatrix} \begin{bmatrix} y_1 \\ y_2 \\ y_3 \end{bmatrix} = P \begin{bmatrix} y_1 \\ y_2 \\ y_3 \end{bmatrix} \quad (Z)$$

実際, $(*)$ に $(**)$ を代入すると,

$x_1 \boldsymbol{e}_1 + x_2 \boldsymbol{e}_2 + x_3 \boldsymbol{e}_3$
$= y_1 \{p_{11} \boldsymbol{e}_1 + p_{21} \boldsymbol{e}_2 + p_{31} \boldsymbol{e}_3\}$
$\quad + y_2 \{p_{12} \boldsymbol{e}_1 + p_{22} \boldsymbol{e}_2 + p_{32} \boldsymbol{e}_3\} + y_3 \{p_{13} \boldsymbol{e}_1 + p_{23} \boldsymbol{e}_2 + p_{33} \boldsymbol{e}_3\}$

$\boldsymbol{e}_i$ の係数をみれば上の式が得られる.

行列 P を**基底の取替えの行列**という.$\boldsymbol{e}_1, \boldsymbol{e}_2, \boldsymbol{e}_3$ と $\boldsymbol{e}'_1, \boldsymbol{e}'_2, \boldsymbol{e}'_3$ の役割は入れ替えられることから,P は正則行列であることが分かる.

2つの基底 $\boldsymbol{e}_1, \boldsymbol{e}_2, \boldsymbol{e}_3$ と $\boldsymbol{e}'_1, \boldsymbol{e}'_2, \boldsymbol{e}'_3$ がともに正規直交基底であるなら,基底の取替えの行列 P も直交行列である,すなわち ${}^t PP = I_3$ を満たすことが分かる.逆に,直交行列による線形変換 (**直交変換**) は,正規直交基底を正規直交基底に写す.いい換えると,直交変換は直交座標系を直交座標系に写す.さらに,行列式の値が1である P による直交変換は,右手系の直交座標系を右手系の直交座標系に写す.

やはり平行移動のときと同様に,(H) と (Z) では変換を施す向きが正反対になることに注意しよう.

> **例題** (**直交座標変換**) $f(x_1, x_2, x_3) = g\left(\sqrt{x_1^2 + x_2^2 + x_3^2}\right)$ ($g(r)$ は1変数関数) と定めた関数 (スカラー場) を直交座標変換 (Z) した関数 $f'(y_1, y_2, y_3)$ を求めてみよう.

> **解答** 直交座標変換では,
> $$y_1^2 + y_2^2 + y_3^2 = x_1^2 + x_2^2 + x_3^2$$
> であるから,

$$g\left(\sqrt{y_1^2+y_2^2+y_3^2}\right) = g\left(\sqrt{x_1^2+x_2^2+x_3^2}\right)$$

であり, $f'(y_1, y_2, y_3) = f(y_1, y_2, y_3)$ となる. □

【ベクトル場の座標変換】 ベクトル場 $\boldsymbol{F} = {}^t[f_1, f_2, f_3]$ $(f_i = f_i(x_1, x_2, x_3))$ を前節の (Z) の座標変換で, 座標系 (y_1, y_2, y_3) で表したものを $\boldsymbol{G} = {}^t[g_1, g_2, g_3]$ $(g_i = g_i(y_1, y_2, y_3))$ とすると, 関係式 $\boldsymbol{F} = P\boldsymbol{G}$, すなわち次が成り立つ:

$$\begin{bmatrix} f_1(x_1,x_2,x_3) \\ f_2(x_1,x_2,x_3) \\ f_3(x_1,x_2,x_3) \end{bmatrix} = \begin{bmatrix} p_{11} & p_{12} & p_{13} \\ p_{21} & p_{22} & p_{23} \\ p_{31} & p_{32} & p_{33} \end{bmatrix} \begin{bmatrix} g_1(y_1,y_2,y_3) \\ g_2(y_1,y_2,y_3) \\ g_3(y_1,y_2,y_3) \end{bmatrix},$$

$$\begin{bmatrix} g_1(y_1,y_2,y_3) \\ g_2(y_1,y_2,y_3) \\ g_3(y_1,y_2,y_3) \end{bmatrix} = \begin{bmatrix} p_{11} & p_{12} & p_{13} \\ p_{21} & p_{22} & p_{23} \\ p_{31} & p_{32} & p_{33} \end{bmatrix}^{-1} \begin{bmatrix} f_1(x_1,x_2,x_3) \\ f_2(x_1,x_2,x_3) \\ f_3(x_1,x_2,x_3) \end{bmatrix},$$

$$\begin{bmatrix} x_1 \\ x_2 \\ x_3 \end{bmatrix} = \begin{bmatrix} p_{11}y_1 + p_{12}y_2 + p_{13}y_3 \\ p_{21}y_1 + p_{22}y_2 + p_{23}y_3 \\ p_{31}y_1 + p_{32}y_2 + p_{33}y_3 \end{bmatrix}$$

例として, 勾配ベクトル場を考えてみる.

例題 C^1 級関数 $f(x_1, x_2, x_3)$ の勾配ベクトル場 $\operatorname{grad} f$ を直交座標変換 (Z) をした後の座標系で表してみよ.

解答 $g(y_1, y_2, y_3) = f(x_1, x_2, x_3)$ とする.

$$\boldsymbol{G} = \operatorname{grad} g = \begin{bmatrix} \frac{\partial}{\partial y_1} \\ \frac{\partial}{\partial y_2} \\ \frac{\partial}{\partial y_3} \end{bmatrix} g, \quad \boldsymbol{F} = \operatorname{grad} f = \begin{bmatrix} \frac{\partial}{\partial x_1} \\ \frac{\partial}{\partial x_2} \\ \frac{\partial}{\partial x_3} \end{bmatrix} f$$

とすると, 関係式 $\boldsymbol{F} = P\boldsymbol{G}$ が成り立つ.

一方, 直交行列 P については定義から $P^{-1} = {}^tP$ である.

ゆえに, $\boldsymbol{G} = P^{-1}\boldsymbol{F} = {}^tP\boldsymbol{F}$ が成り立つ. 成分で表せば,

2.6 ベクトル場と座標変換

$$\frac{\partial g}{\partial y_i} = \sum_{j=1}^{3} \frac{\partial f}{\partial x_j} p_{ji} = \frac{\partial f}{\partial x_1} p_{1i} + \frac{\partial f}{\partial x_2} p_{2i} + \frac{\partial f}{\partial x_3} p_{3i} \qquad (i=1,2,3)$$

である．連鎖律により直接これは

$$\frac{\partial g}{\partial y_i} = \sum_{j=1}^{3} \frac{\partial f}{\partial x_j} \frac{\partial x_j}{\partial y_i} = \sum_{j=1}^{3} \frac{\partial f}{\partial x_j} p_{ji}$$

と確かめられる． □

補足 補足をすると，連鎖律により

$$\frac{\partial x_i}{\partial x_k} = \sum_{j=1}^{3} \frac{\partial x_i}{\partial y_j} \frac{\partial y_j}{\partial x_k} = \delta_{ik}$$

であるから，$\left(\dfrac{\partial y_i}{\partial x_j}\right)_{i,j}$ は $\left(\dfrac{\partial x_i}{\partial y_j}\right)_{i,j}$ の逆行列である．

また，座標変換 (Z) の下で $\dfrac{\partial x_i}{\partial y_j} = p_{ij}$ であり，$\dfrac{\partial y_i}{\partial x_j} = p_{ji}$ となる．

次に，空間反転 (パリティ変換とも呼ばれる)

$$\begin{bmatrix} x_1 \\ x_2 \\ x_3 \end{bmatrix} = \begin{bmatrix} -1 & 0 & 0 \\ 0 & -1 & 0 \\ 0 & 0 & -1 \end{bmatrix} \begin{bmatrix} y_1 \\ y_2 \\ y_3 \end{bmatrix} = \begin{bmatrix} -y_1 \\ -y_2 \\ -y_3 \end{bmatrix}$$

は直交座標変換であるが，

$$\det(-I_3) = -1$$

であり，右手系を左手系に写す．

$\boldsymbol{x} = {}^t[x_1, x_2, x_3]$ と略記する．$-\boldsymbol{x} = {}^t[-x_1, -x_2, -x_3]$ である．

ベクトル場 $\boldsymbol{F}(\boldsymbol{x}) = \boldsymbol{F}(x_1, x_2, x_3)$ を空間反転して得られるベクトル場を $\boldsymbol{F}^p(\boldsymbol{x})$ と表す：$\boldsymbol{F}^p(\boldsymbol{x}) = \boldsymbol{F}(-\boldsymbol{x})$．

$\boldsymbol{F}^p = \boldsymbol{F}$ すなわち $\boldsymbol{F}(-\boldsymbol{x}) = \boldsymbol{F}(\boldsymbol{x})$ となる $\boldsymbol{F}$ を偶 (even) といい，

$\boldsymbol{F}^p = -\boldsymbol{F}$ すなわち $\boldsymbol{F}(-\boldsymbol{x}) = -\boldsymbol{F}(\boldsymbol{x})$ となる $\boldsymbol{F}$ を奇 (odd) という．

例えば，位置を表すベクトル場 $\boldsymbol{F}(x) = \boldsymbol{x}$ は奇である．

> **例題** ベクトル場 F_1, F_2 について次が成り立つ．
> (1) F_1 が偶，F_2 が奇であるとき，$F_1 \times F_2$ は奇である．
> (2) F_1, F_2 ともに奇であるとき，$F_1 \times F_2$ は偶である．

解答 $(F_1 \times F_2)^p(x) = (F_1 \times F_2)(-x) = F_1(-x) \times F_2(-x) = F_1^p(x) \times F_2^p(x)$
である．(1) の場合，$F_1(-x) = F_1(x), F_2(-x) = -F_2(x)$ ゆえ，
$$(F_1 \times F_2)^p(x) = -F_1(x) \times F_2(x) = -(F_1 \times F_2)(x)$$
となり，$F_1 \times F_2$ は奇である．

(2) の場合も同様に $(F_1 \times F_2)^p(x) = (F_1 \times F_2)(x)$ が示され，$F_1 \times F_2$ は偶である． □

力学における速度，電磁気学における電場 E は奇であり，角運動量 L や磁束密度 B は偶であることが知られている．

◆ **問** ベクトル場 F, F' の内積 $F \cdot F'$ が直交座標変換によって不変であることを示せ．

★ **Hodgepodge** ★　　ベクトルの概念，ベクトルの記法

抽象的なベクトルの概念は，グラスマンの仕事の中にあったといってもよいが，ベクトル空間の抽象的な定義は，1888 年のペアノの「幾何学的算術」や，1893 年のデデキントによるディリクレ「数論講義」の補遺のなかで与えられた．

マクスウェルは，電磁気学の基本方程式を記述するにあたり，ハミルトンの四元数 i, j, k（および 1）を利用した記号法を使っていた．その名残りは現在の多くの教科書にもみることができる．

マクスウェルの記号法に従うと，3 次元ベクトル $F = {}^t[f_1, f_2, f_3]$ なら
$$F = f_1 i + f_2 j + f_3 k$$
で，ベクトル微分作用素 ∇ は
$$\nabla = \frac{\partial}{\partial x} i + \frac{\partial}{\partial y} j + \frac{\partial}{\partial z} k$$
という具合である．四元数 i, j, k が 3 次元空間の標準基底 e_1, e_2, e_3 の役割を果たしている．また，3 次元ベクトル F, G に対応する 2 つの四元数の積は，基本関係式 $i^2 = j^2 = k^2 = ijk = -1$ を使うと，

$$(f_1 i + f_2 j + f_3 k)(g_1 i + g_2 j + g_3 k)$$
$$= -(f_1 g_1 + f_2 g_2 + f_3 g_3) + (f_2 g_3 - f_3 g_2) i + (f_3 g_1 - f_1 g_3) j$$

$$+(f_1 g_2 - f_2 g_1)k$$
$$= -\boldsymbol{F}\cdot\boldsymbol{G} + \boldsymbol{F}\times\boldsymbol{G}$$

となる．これらが示すように，四元数は特殊相対性理論で扱う 4 次元の世界を扱うのに便利であることが分かる．

これを通常のベクトル表記に直したのがイェール大学のギブズ (1839–1903) である．彼の講義をまとめた「ベクトル解析」は 1901 年に出版された．

四元数は 3, 4 次元の特殊性と結びついていて，最近の弦理論にみられるようにより高次元の空間も活躍する物理学では，一般のベクトルとその記法の方が柔軟で使いやすい．

★ Hodgepodge ★　ベクトル表現とベクトル場

数理物理においては，3 次元のベクトルと同じ振る舞いをするものを，**ベクトル**と呼ぶのは自然，あるいは当然であろう．ここで同じ振る舞いとは，3 次元空間の直交座標変換の下での振る舞いを指している．その意味でテンソルとは，より一般の振る舞いをするものである．スカラーは，ベクトルでない一番簡単な量である．

空間反転で，3 次元の位置ベクトル $\boldsymbol{r}$ は (-1) 倍される．

(質量 m の) 点の運動で，運動量 $\boldsymbol{p} = m\dfrac{d\boldsymbol{r}}{dt}$ は明らかにベクトルであるが，角運動量 $\boldsymbol{L} = \boldsymbol{r}\times\boldsymbol{p}$ は空間反転で (-1) 倍されないので，ベクトルと呼ぶのに問題があり，**擬ベクトル**と呼ばれる．

第 8 章で説明する微分形式の言葉を使うと，3 次元空間上で，スカラー (値関数) は 0 次微分形式，ベクトル (値関数) は 1 次微分形式，擬ベクトルは 2 次微分形式である．3 次微分形式はスカラーに似ているが，空間反転で (-1) 倍されるのでスカラーと異なり，**擬スカラー**と呼ばれる．

現代数学では，対称性をもつ対象と，対称性自身を区別して扱うようになっている．3 次元回転の全体が 1 つの対称性を成すと考えて，その対称性を表現するものという意味で位置ベクトルの全体をベクトル表現と呼ぶことがある．擬ベクトルの全体は，対称性の観点からはベクトル表現とは異なる表現である．物理学では，ベクトル表現 (の元) のことをベクトルということがしばしばある．対称性とその表現を扱う数学の分野を表現論という．

★ Hodgepodge　　対称性と保存則 − ネーターの定理

ユークリッド幾何は，平面の 2 点間の距離を変えない変換 (等長変換) で不変な図形の性質を調べる幾何であるといわれるように，幾何学には対称性が付き物である．正四面体のように有限の離散対称性をもつものもあれば，球のように連続な対称性をもつものもある．物理学においても，対称性が重要な役割を果たすことはいうまでもない．たとえば，運動量や角運動量は，それぞれ 3 次元空間の平行移動，あるいは回転で不変な物理量 (保存量) である．

ネーターは 1918 年に論文「不変変分問題」の中で，今日ネーターの定理と呼ばれているものを証明した．それは，対称性と保存則に関する基本的で一般的な定理である．「任意個数のパラメータを含む変換に対して不変な積分量が存在するとき，同じ個数の保存量が存在する．」「任意個数の関数を含む変換に対して不変な積分量が存在するとき，同じ個数の恒等式が得られる．」この定理は，ゲッチンゲン大学で，変分原理から重力場の方程式を導こうとしていたヒルベルトから相談を受けたネーターの回答であった．エネルギー・運動量の保存，角運動量の保存等はすべて，ネーターの定理により説明できる．

エミー・ネーター (Emmy Noether，1882–1935) は，抽象代数学を始めて現代代数学の母とも呼ばれる．1915 年，クラインとヒルベルトは彼女をゲッチンゲン大学に招いた．しかし，第 1 次大戦までのドイツでは女性が大学で地位を得るのは難しく，ようやく 1919 年に彼らの努力により教授資格を得たが，1922 年までは無給の私講師であった．一方，若い学生を惹き付け 17 名もの博士号取得者を出し，代数的トポロジーを創りつつあったアレクサンドロフ，ホップ等にも大きな影響を与えた．1932 年のチューリッヒでの国際数学者会議での女性で唯一の総合講演者であった．ナチスによる追放で，米国フィラデルフィア郊外のブリンモーカレッジに赴任したが，手術後の経過が悪く 53 才で亡くなった．

章 末 問 題

問題 2.1 $f = f(x,y)$ を C^1 級関数とする．次の座標変換 $(x,y) = \phi(u,v)$ をするとき，$\dfrac{\partial f}{\partial u}, \dfrac{\partial f}{\partial v}$ を $\dfrac{\partial f}{\partial x}, \dfrac{\partial f}{\partial y}$ で表せ：

(ⅰ) $\phi(u,v) = \left(\dfrac{u+v}{\sqrt{2}}, \dfrac{u-v}{\sqrt{2}}\right)$.

(ⅱ) $\phi(u,v) = (-u^2 + 4u, v)$.

問題 2.2 関数 $g(x,y) = e^{x-y}\sin(xy)$ および写像 $(x,y) = (t, t^2) = \boldsymbol{r}(t)$ を考える．このとき，$\dfrac{d}{dt}g(\boldsymbol{r}(t))$ を求めよ．

問題 2.3 $X = xy, Y = \dfrac{1}{y}$ とするとき，次の等式を示せ：
$$x\frac{\partial}{\partial x} = X\frac{\partial}{\partial X}, \quad y\frac{\partial}{\partial y} = X\frac{\partial}{\partial X} - Y\frac{\partial}{\partial Y}$$

問題 2.4 曲線 $\boldsymbol{r}(t) = {}^t[t^2, \sin t, \cos t]$ について $t = 0$ での速度 (velocity) ベクトル，加速度 (acceleration) ベクトルを求めよ．

問題 2.5 次の関数 $f = f(x,y,z)$ の勾配ベクトル場 $\operatorname{grad} f$ を計算せよ．

(ⅰ) $f = \dfrac{1}{r^n}, r = \sqrt{x^2 + y^2 + z^2}$ (n は (正の) 整数)．

(ⅱ) $f = xy + z$.

(ⅲ) $f = \dfrac{x - z}{1 + x^2 - y^2}$.

問題 2.6 次の各場合にベクトル場 $\boldsymbol{F}$ の回転 $\operatorname{rot} \boldsymbol{F}$，発散 $\operatorname{div} \boldsymbol{F}$ を求めよ：

(ⅰ) $\boldsymbol{F} = {}^t[x^2, y^2, z^2]$.

(ⅱ) $\boldsymbol{F} = {}^t[x + y, y + z, z + x]$.

(ⅲ) $\boldsymbol{F} = {}^t[ye^z, xe^z, xye^z]$.

問題 2.7 $\boldsymbol{F} = \boldsymbol{F}(x,y) = {}^t[f_1(x,y), f_2(x,y)]$ を平面 $\mathbf{R}^2$ のベクトル場とする．$\boldsymbol{F}$ を次のように空間 $\mathbf{R}^3$ のベクトル場 $\tilde{\boldsymbol{F}}$ とみなす：
$$\tilde{\boldsymbol{F}} = \tilde{\boldsymbol{F}}(x,y,z) = {}^t[f_1(x,y), f_2(x,y), 0]$$

(ⅰ) $\operatorname{rot} \tilde{\boldsymbol{F}}$ を計算せよ．

(ⅱ) 2.5節の定理により，関数 f について $\boldsymbol{F} = \operatorname{grad} f$ と表されるならば，$\operatorname{rot} \tilde{\boldsymbol{F}} = 0$ が成り立つが，その逆は成り立つか $\left(\text{ベクトル場 } \boldsymbol{F} = {}^t\left[\dfrac{-y}{x^2+y^2}, \dfrac{x}{x^2+y^2}\right]\right.$ を考えよ$\left.\right)$．

問題 2.8 A を 3×3 行列, $\boldsymbol{x} = {}^t[x,y,z]$ とする.
(i) $\phi(\boldsymbol{x}) = {}^t\boldsymbol{x}A\boldsymbol{x}$ とおくとき, $\operatorname{grad}\phi(\boldsymbol{x})$ を求めよ.
(ii) さらに A は対称行列であるとする. $\boldsymbol{F}(\boldsymbol{x}) = A\boldsymbol{x}$ とおくとき, $\operatorname{rot}\boldsymbol{F}(\boldsymbol{x}) = 0$ を示せ.

問題 2.9 f を C^2 級関数, $\boldsymbol{F}$ を C^2 級ベクトル場とするとき, 次式が成り立つことを示せ.

$$\operatorname{div}(\boldsymbol{F} \times (\operatorname{grad} f)) = (\operatorname{rot}\boldsymbol{F}) \cdot (\operatorname{grad} f)$$

問題 2.10 次の等式が成り立たないことを示す反例 (counter-example) を与えよ:
(i) $\operatorname{rot}(\boldsymbol{F} \times \boldsymbol{G}) = (\operatorname{div}\boldsymbol{G})\boldsymbol{F} - (\operatorname{div}\boldsymbol{F})\boldsymbol{G}$
(ii) $\operatorname{div}(\boldsymbol{F} \times \boldsymbol{G}) = \boldsymbol{G} \cdot (\operatorname{rot}\boldsymbol{F})$

問題 2.11 直交座標変換 (Z)

$$\begin{bmatrix} x_1 \\ x_2 \\ x_3 \end{bmatrix} = \begin{bmatrix} p_{11} & p_{12} & p_{13} \\ p_{21} & p_{22} & p_{23} \\ p_{31} & p_{32} & p_{33} \end{bmatrix} \begin{bmatrix} y_1 \\ y_2 \\ y_3 \end{bmatrix} = P \begin{bmatrix} y_1 \\ y_2 \\ y_3 \end{bmatrix} \tag{Z}$$

のもとで, ベクトル微分作用素

$$\nabla_x = {}^t\left[\frac{\partial}{\partial x_1},\ \frac{\partial}{\partial x_2},\ \frac{\partial}{\partial x_3}\right],\quad \nabla_y = {}^t\left[\frac{\partial}{\partial y_1},\ \frac{\partial}{\partial y_2},\ \frac{\partial}{\partial y_3}\right]$$

は次の関係で結ばれていることを示せ:

$$\nabla_x = P\nabla_y$$

(2.6 節の例題参照).

第3章

曲線と線積分

　曲線とは，空間の中で点が自由に動いて描いたものといえよう．まさに力学での質点の運動がこの動的な観点に立っている．このように1つのパラメータ(媒介変数)で表せる曲線を，静的な観点からその描く軌跡に注目して扱うこともできる．

　この章では，空間における曲線になじみ，かつ曲線の長さや曲線に沿った積分(線積分)を学んでいく．

　一つ記号に関する注意がある．点 $(x, y, z) \in \mathbf{R}^3$ を (位置ベクトル) $\boldsymbol{r}$ で表す．転じて，(パラメータ付きの) 曲線上の点も $\boldsymbol{r}$ で表す．曲面上の点も $\boldsymbol{r}$ で表すことがある．

■ 3.1　空間における曲線

　3次元空間 $\mathbf{R}^3$ における曲線とは何か．第1章では直線を復習した後，点の運動にみられるように，パラメータ(媒介変数)1つで表示することができる図形を曲線と呼んだ．ここで，もう少し詳しく曲線を考えよう．

【パラメータ付きの曲線】　区間 $I = [a, b]$ から空間 $\mathbf{R}^3$ への (C^∞ 級の) 写像 $\boldsymbol{r} : I \to \mathbf{R}^3$ をパラメータ付きの (C^∞ 級の) 曲線という．ここで，区間は有限閉区間のみならず，$a, b = \pm\infty$ を許した無限開区間でもよい．以下では，$\boldsymbol{r}$ は C^1 級または C^2 級と仮定していれば大抵十分である．$\boldsymbol{r}$ はただ単に点の軌跡だけでなく，時刻 $t (\in I)$ に $\boldsymbol{r}(t) (\in \mathbf{R}^3)$ の位置にある点の運動を表しているとみることができる．

　パラメータ付きの曲線は，ベクトル値の関数と考えることもできる．この見方では，$\boldsymbol{r}(t)$ はその成分の関数3個 $x(t), y(t), z(t)$ を束ねたものである．

曲線の例

(1) $\boldsymbol{r}(t) = {}^t[\cos t, \sin t, 0]$ $(0 \leqq t \leqq 2\pi)$ (円 (circle))

(2) $\boldsymbol{r}(t) = {}^t[\cos t, \sin t, t]$ $(0 \leqq t \leqq 2\pi)$ (螺旋 (helix))

(3) $\boldsymbol{r}(t) = {}^t[t, t^2, 0]$ $(0 \leqq t \leqq 2)$ (放物線 (parabola))

(4) $\boldsymbol{r}(t) = {}^t[t - \sin t, 1 - \cos t, 0]$ $(0 \leqq t \leqq 2\pi)$
(サイクロイド (cycloid))

(5) $\boldsymbol{r}(t) = {}^t[(1 + \cos t)\cos t, (1 + \cos t)\sin t, 0]$ $(0 \leqq t \leqq 2\pi)$
(心臓型 (cardioid))

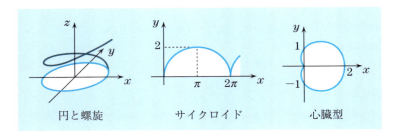

円と螺旋　　サイクロイド　　心臓型

パラメータ付きの曲線 $\boldsymbol{r} : I \to \mathbf{R}^3$ に対して，$\boldsymbol{r}$ の像
$$\boldsymbol{r}(I) := \{\boldsymbol{r}(t) \mid t \in I\} \subset \mathbf{R}^3$$
を $\boldsymbol{r}$ の**軌跡**と呼ぶ．別のパラメータ付きの曲線 $\boldsymbol{p} : J \to \mathbf{R}^3$ が，$\boldsymbol{r}$ と同じ軌跡 (像) をもつ，すなわち，$\boldsymbol{r}(I) = \boldsymbol{p}(J)$ であるとき，$\boldsymbol{r}$ と $\boldsymbol{p}$ は同じ軌跡を描く (別の) 点の運動を表していると考えられる．

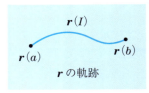

$\boldsymbol{r}$ の軌跡

次の便利な記号を準備しよう．$\boldsymbol{r}(t) = {}^t[x(t), y(t), z(t)]$ と成分で表しておく．

$$\dot{\boldsymbol{r}} := \frac{d\boldsymbol{r}}{dt} = {}^t\left[\frac{dx}{dt}, \frac{dy}{dt}, \frac{dz}{dt}\right], \quad \ddot{\boldsymbol{r}} := \frac{d^2\boldsymbol{r}}{dt^2} = {}^t\left[\frac{d^2x}{dt^2}, \frac{d^2y}{dt^2}, \frac{d^2z}{dt^2}\right]$$

補足 物理学では，点に質量も合わせて考え**質点**と呼ぶ．$\boldsymbol{r}$ の微分 $\dot{\boldsymbol{r}}$ は質点の速度ベクトル，$\ddot{\boldsymbol{r}}$ は質点の加速度ベクトルに他ならない．これらの見方は高校の物理以来なじみのあるものだろう．

パラメータ付きの曲線 $\boldsymbol{p}(t)$ の点 $\boldsymbol{p}(t_0)$ における接線は
$$\boldsymbol{r}(s) = \boldsymbol{p}(t_0) + s\dot{\boldsymbol{p}}(t_0)$$

で与えられる．これは $\dot{\boldsymbol{p}}$ が定義により接ベクトルを与えることより明らかであろう．

後に曲面を考察する際に (第 4 章以降)，曲面上の曲線や，曲面上の領域の境界として現れる曲線も扱う．

3.2 曲線の長さ

有限の区間 $I = [a, b]$ の場合に，曲線 $\boldsymbol{r}$ の長さ (弧長) L を求めよう．ここで $|\dot{\boldsymbol{r}}(t)| \neq 0$，従って $\boldsymbol{r}$ は 1 対 1 の写像であると仮定しておく．微小な時間 Δt の間に点の描く曲線の長さは

$$|\dot{\boldsymbol{r}}(t)|\Delta t = \sqrt{\left(\frac{dx}{dt}\right)^2 + \left(\frac{dy}{dt}\right)^2 + \left(\frac{dz}{dt}\right)^2}\,\Delta t$$

で近似されるので，曲線の長さ L は

$$L = \int_a^b |\dot{\boldsymbol{r}}(t)|\,dt$$

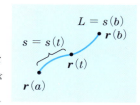

で与えられる．$\boldsymbol{r}$ は 1 対 1 の写像であると仮定をしないと，L は点集合 $\boldsymbol{r}(I)$ の長さとは一致しないことがある．この場合でも，L は点が実際に動いた距離としての意味をもつ．

$\forall t \in I$ について $\dot{\boldsymbol{r}}(t) \neq 0$ であると仮定しよう．このとき $|\dot{\boldsymbol{r}}(t)| > 0$ より，曲線の**弧長**

$$s = s(t) = \int_a^t |\dot{\boldsymbol{r}}(u)|\,du$$

は t の単調増加関数である．逆に t を s について解くことができるので，s も曲線のパラメータにとれる．曲線の弧長 s をパラメータにとると便利なことがある (上で t が積分区間の上端に現れたため，t のかわりに u をパラメータとした)．

曲線 $\boldsymbol{p}(s) = \boldsymbol{r}(t(s))$ は $\boldsymbol{r}$ と同じ軌跡をもつ．この場合，$\left|\dfrac{d\boldsymbol{p}}{ds}\right| = 1$ が成り立つ．なぜなら，s の定義から $\dfrac{ds}{dt} = |\dot{\boldsymbol{r}}(t)|$ であり，

$$\frac{d\boldsymbol{p}}{ds} = \frac{d\boldsymbol{r}(t(s))}{dt} \cdot \frac{dt}{ds} = \dot{\boldsymbol{r}}(t) \cdot |\dot{\boldsymbol{r}}(t)|^{-1}$$

であるから．

さて $ds = \dfrac{ds}{dt}dt$ だから，

$$\int_{s(a)}^{s(b)} |\dot{\boldsymbol{p}}(s)|ds = \int_a^b |\dot{\boldsymbol{r}}(t)|dt$$

が成り立つ．つまり曲線の長さは同じである．これは $\dfrac{ds}{dt} > 0$ であるような一般のパラメータの取り替えについても同様に成り立つ．

◆問　3.1 節の曲線の例について，曲線の長さを求めよ．

★ Hodgepodge ★　楕円の弧長と楕円積分

楕円
$$\frac{x^2}{a^2} + \frac{y^2}{b^2} = 1 \quad (a > b > 0)$$

の弧長を求める積分は $x = a\cos t$, $y = b\sin t$ $(0 \leq t < 2\pi)$ なるパラメータ表示を使うと

$$\begin{aligned}
L &= \int_0^{2\pi} \sqrt{\left(\frac{dx}{dt}\right)^2 + \left(\frac{dy}{dt}\right)^2}\, dt \\
&= \int_0^{2\pi} \sqrt{a^2 \sin^2 t + b^2 \cos^2 t}\, dt \\
&= \int_0^{2\pi} \sqrt{a^2 - (a^2 - b^2)\cos^2 t}\, dt \\
&= a\int_0^{2\pi} \sqrt{1 - k^2 \cos^2 t}\, dt \quad \left(k^2 = 1 - \frac{b^2}{a^2}\right) \\
&= 4a\int_0^{\pi/2} \sqrt{1 - k^2 \cos^2 t}\, dt
\end{aligned}$$

となる．また，$\cos t$ を改めて x とおき，この弧長を表すと

$$L = 4a\int_0^1 \sqrt{\frac{1 - k^2 x^2}{1 - x^2}}\, dx$$

となる．$L/4a$ なる積分は，**第 2 種完全楕円積分**と呼ばれる．

また，単振り子の運動で周期 T を求めるときに

$$T = \int_0^{x_0} \frac{1}{\sqrt{(1 - k^2 x^2)(1 - x^2)}}\, dx$$

なる積分が得られ，**第 1 種不完全楕円積分**と呼ばれる．

$k=0,1$ といった特殊な場合以外はこの積分を初等関数 (有理関数，三角関数，指数・対数関数等を組み合わせたもの) で表すことができないことが知られている．

$k=0$ のときの第 1 種不完全楕円積分 $\int_0^x \dfrac{1}{\sqrt{1-x^2}}\,dx = \arcsin x$ が三角関数 $\sin x$ の逆関数であるように，アーベルとヤコビは楕円積分の逆関数 (楕円関数) を考えて 19 世紀数学の華を切り開いた．

3.3 線積分 I

積分区間を曲線にも拡張すると線積分が得られる．線積分には導入の仕方に 2 通りある．ここでは**スカラー関数の線積分**を導入する．3.4 節で，ベクトル場の (接線成分の) 線積分を導入する．

パラメータ付きの曲線 $\boldsymbol{r}(t)$ の軌跡を C として，C を含む $\mathbf{R}^3$ の領域で定義された関数を f とする．このとき次の積分を定義しよう：

$$\int_C f(\boldsymbol{r})|d\boldsymbol{r}| := \int_a^b f(\boldsymbol{r}(t)) \left|\frac{d\boldsymbol{r}}{dt}\right| dt$$

ただし，区間は $I=[a,b]$ とした．f が定値 1 をとる関数の場合は曲線の弧長に他ならない．この定義式の左辺には，積分区間として軌跡 C が書いてある．しかし，右辺はパラメータ付きの曲線 $\boldsymbol{r}(t)$ に依存する．そこで，右辺がパラメータのとり方によらないことを示せば，この定義の仕方は合理化される．これは曲線の弧長がパラメータのとり方によらないことの証明と同じく合成関数の微分法

$$\frac{d\boldsymbol{r}}{ds} = \frac{d\boldsymbol{r}(t(s))}{dt} \cdot \frac{dt}{ds}$$

より従う．

注意 ここで 1 つ注意がある．パラメータの取替えにおいては始点同士，終点同士が一致するものを考えている (これは前に $\dfrac{dt}{ds}>0$ と仮定したことに対応する)．$\dfrac{dt}{ds}$ の符号が同じもの，違うものに従い，同じ向きか，反対の向きかが決まる．積分においては向きを 1 つ決めないと符号が決まらない．通常の積分においては数直線 $\mathbf{R}$ の自然な向きにより，正の向きが入っている．パラメータ付きの曲線 $\boldsymbol{r}(t)$ においては，t

に関する正の向きに従い軌跡 C に向きが決まっている．以下では向きのついた軌跡を考える．それから曲線 C といったとき，向きのついた軌跡，またはパラメータ付きの曲線を適当に意味する．

例題 (スカラー関数の線積分)
次のパラメータ表示で与えられる曲線 C を考える ($r \in \mathbf{R}$ は定数とする)：
$$\boldsymbol{r} = {}^t[x,y,z] = {}^t[r\cos\theta, r\sin\theta, r\theta] \quad (0 \leqq \theta \leqq 2\pi)$$
$f(\boldsymbol{r}) = f(x,y,z) = x^2$ なる関数に関して，線積分 $\int_C f(\boldsymbol{r})|d\boldsymbol{r}|$ を求めよ．

解答 $d\boldsymbol{r} = r\,{}^t[-\sin\theta, \cos\theta, 1]d\theta,\ |d\boldsymbol{r}| = \sqrt{2}\,rd\theta\ (r>0)$ である．
従って，
$$\int_C f(\boldsymbol{r})|d\boldsymbol{r}| = \int_0^{2\pi}(r\cos\theta)^2\sqrt{2}\,rd\theta = \sqrt{2}\,r^3\int_0^{2\pi}\cos^2\theta d\theta = \sqrt{2}\,\pi r^3$$
となる． □

上では，被積分関数の部分に $\dot{\boldsymbol{r}}dt = \dfrac{d\boldsymbol{r}}{dt}dt$ の長さを用いている．そこで，長さをとらずに $\dot{\boldsymbol{r}}dt$ に関して線積分を導入するのが自然と思われる．

曲線 (向きのついた軌跡) C と関数 f に対して，
$$\int_C f(\boldsymbol{r})\dot{\boldsymbol{r}}dt$$
とおく．$\dot{\boldsymbol{r}}dt$ がベクトル値であるので，この積分はベクトル値である．ではその成分は何だろうか．次節で導入する記号を先取りすると
$$\dot{\boldsymbol{r}}dt = {}^t[\dot{x},\dot{y},\dot{z}]dt = {}^t[dx,dy,dz]$$
であるので，上の積分は
$$\int_C f(\boldsymbol{r})\dot{\boldsymbol{r}}dt = {}^t\left[\int_C f(\boldsymbol{r})\dot{x}dt, \int_C f(\boldsymbol{r})\dot{y}dt, \int_C f(\boldsymbol{r})\dot{z}dt\right]$$
$$= {}^t\left[\int_C f(\boldsymbol{r})dx, \int_C f(\boldsymbol{r})dy, \int_C f(\boldsymbol{r})dz\right]$$
である．

3.4 線積分 II

3.3 節では曲線の長さから出発して，スカラー場の線積分を定義した．ここでは，ベクトル場の (接線方向成分の) 線積分を定義する．

【接線方向成分の線積分】 C^1 級の曲線 $r(t)$ が与えられたとして，C をその (向きのついた) 軌跡とする．F を C^0 級のベクトル場とする．

曲線上の点 $r(t)$ におけるベクトル場の値 $F(r(t))$ の接線方向の成分は

$$F(r(t)) \cdot \frac{\dot{r}(t)}{|\dot{r}(t)|}$$

で与えられる．このスカラー (関数) の C に沿っての線積分は

$$\int_C F(r(t)) \cdot \frac{\dot{r}(t)}{|\dot{r}(t)|} |dr| = \int_C F(r(t)) \cdot \dot{r}(t) dt$$

となる．

そこで新たに，ベクトル場の (接線方向成分の) **線積分**を次の式で定義する：

$$\int_C F \cdot dr := \int_C F(r(t)) \cdot \dot{r}(t) dt$$

これは C のパラメータ表示の仕方によらないことは，スカラー場の線積分のときとほぼ同様であるが，曲線の向きを逆にすれば積分の値は -1 倍になる．

この線積分を成分表示しよう．いつもの通り，$F = {}^t[f_1, f_2, f_3]$, $r(t) = {}^t[x(t), y(t), z(t)]$ としよう．また，区間は $I = [a, b]$ とする．すると，

$$F \cdot dr = f_1(r(t))\dot{x}(t)dt + f_2(r(t))\dot{y}(t)dt + f_3(r(t))\dot{z}(t)dt$$

となる．ところで，$\dot{x}(t)dt$ 等は dx を曲線 C 上に制限したものであるから，

$$F \cdot dr = f_1 dx + f_2 dy + f_3 dz$$

と記しても差し支えない．したがって，

$$\int_C F \cdot dr = \int_a^b f_1 dx + f_2 dy + f_3 dz$$

と記すことになる．この被積分関数は，第 8 章で 1 次微分形式として理解される．

例題 (成分表示の線積分) 曲線 C が $r(t) = {}^t[t, t^2, 1]$ $(0 \leqq t \leqq 1)$ で与えられたとする．このとき，線積分 $\int_C x^2 dx + xy dy + xz dz$ を求めよ．

解答 この積分は，ベクトル場 $\boldsymbol{F} = {}^t[x^2, xy, xz]$ の線積分を成分表示したものに他ならない．

これを計算するためには，$\boldsymbol{r} = {}^t[x, y, z] = {}^t[t, t^2, 1]$ を代入すればよい．$\dot{\boldsymbol{r}}(t) = {}^t[1, 2t, 0]$ ゆえ，

$$\int_C x^2 dx + xy dy + xz dz = \int_0^1 (t^2 dt + t^3(2t)dt + t(0dt)) = \int_0^1 (t^2 + 2t^4) \, dt = \frac{11}{15}$$

となる． □

例題 向きの付いた曲線として，xy 平面おける半径 r の円 $\boldsymbol{r}(t) = {}^t[r\cos t, r\sin t, 0]$ ($0 \leqq t \leqq 2\pi$) を考える．このとき，線積分 $\displaystyle\int_C x dy, \int_C y dx$ を求めよ．

解答 $\displaystyle\int_C x dy$ に $x = r\cos t$, $y = r\sin t$ を代入すると，$dy = \dfrac{dy}{dt}dt$ ゆえ，

$$\int_C x dy = \int_0^{2\pi} (r\cos t)(r\cos t dt) = r^2 \int_0^{2\pi} \cos^2 t dt$$

となる．この積分を計算すると，$\displaystyle\int_C x dy = \pi r^2$ を得る．

$\displaystyle\int_C y dx$ についても同様に

$$\int_C y dx = -r^2 \int_0^{2\pi} \sin^2 t dt = -\pi r^2$$

を得る． □

ここで，閉曲線に囲まれた領域の面積が出てきたのは偶然ではない．これは次節のグリーンの公式の特別な場合である．

◆問 (1) 線積分
$$\int_{C_i} \omega = \int_{C_i} (y+z)dx + (z+x)dy + (x+y)dz \qquad (i=1,2)$$
を計算せよ．ここで曲線 C_1, C_2 は次で定められたものとする：

$$C_1: \quad (x,y,z) = (\alpha t, \beta t, \gamma t) \quad (0 \leqq t \leqq 1),$$
$$C_2: \quad (x,y,z) = (\alpha, \beta t, 0) \quad (0 \leqq t \leqq 1).$$

(2) ベクトル場 $\boldsymbol{F} = {}^t\left[\dfrac{-y}{x^2+y^2}, \dfrac{x}{x^2+y^2}, 0\right]$ について，下に与えられる曲線 C に沿って線積分 $\displaystyle\int_C \boldsymbol{F} \cdot d\boldsymbol{r} = \int_C \boldsymbol{F} \cdot \dot{\boldsymbol{r}} dt$ を計算せよ：

(ⅰ) $C : \boldsymbol{r}(t) = {}^t[r\cos t, r\sin t, rt]$ $(r>0, 0 \leqq t \leqq 2\pi)$.
(ⅱ) $C : \boldsymbol{r}(t) = {}^t[1,1,2t]$ $(0 \leqq t \leqq 1)$.
(ⅲ) $C : |x|+|y|=1$ (C には正の向き (反時計回り) を与える).

3.5 グリーンの公式

この節では平面での閉曲線に限る．すると次に述べるグリーンの公式が成り立つ．これは後にストークスの公式として空間内の閉曲線に一般化される．

平面での単純閉曲線 C を考えよう．ここで C は自分自身と交わることない C^1 級の曲線とする．C で囲まれる領域を S とする．

C の**向き**は，曲線のパラメータが増大する方向 (進行方向) に関して S が左側となるものをとる．たとえば，円周では反時計回りの向きである．この約束のもとで定理を述べられる．

定理 (グリーンの公式) C を単純閉曲線とし，S を C で囲まれる領域とする．$f(x,y)$, $g(x,y)$ を S を含む領域で定義された C^1 級の関数とする．このとき，次の等式が成り立つ：

$$\int_C (fdx + gdy) = \iint_S \left(-\frac{\partial f}{\partial y} + \frac{\partial g}{\partial x}\right) dx\, dy$$

証明 この右辺は領域 S 上の重積分である．これについては第 5, 6 章で詳しく述べる．

f, g に制限はないので，$g=0$ とおいてみると，

$$\int_C fdx = -\iint_S \frac{\partial f}{\partial y} dx\, dy$$

となる．まず，これを示そう．

これを図のような場合に証明しよう．より一般の領域についても領域を適当に分割していくことにより，ここで証明する場合に帰着できる．

図のような領域 S を考え，曲線 C を $C_1 + C_2 + C_3 + C_4$ と分割する．C_1 は関数 $p(x)$ のグラフ，C_3 は関数 $q(x)$ のグラフで向きを逆転したもの，C_2, C_4 はそれぞれ直線 $x=a$, $x=b$ 上の線分とする．

C_1 のパラメータ表示は $\boldsymbol{r} = {}^t[x, p(x)]$ $(a \leqq x \leqq b)$ とできるから，

$$\int_{C_1} fdx = \int_a^b f(x, p(x))dx$$

となる．同様に，

$$\int_{C_3} f dx = \int_b^a f(x,q(x))dx = -\int_a^b f(x,q(x))dx$$

である．C_2，C_4 上で $dx = 0$ であるから，

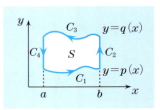

$$\int_C f dx = \int_{C_1} f dx + \int_{C_3} f dx$$
$$= \int_a^b \bigl(f(x,p(x)) - f(x,q(x))\bigr)dx$$

となる．

$$\int_{p(x)}^{q(x)} \frac{\partial f}{\partial y} dy = f(x,q(x)) - f(x,p(x))$$

に注意すれば，次式を得る：

$$\int_C f dx = \int_a^b \left(\int_{p(x)}^{q(x)} \left(-\frac{\partial f}{\partial y}\right) dy \right) dx = -\iint_S \frac{\partial f}{\partial y} dx\, dy$$

今度は $\int_C g dy = \iint_S \frac{\partial g}{\partial x} dx\, dy$ を示そう．まず両辺を書き下すと，右辺の面積分は

$$\iint_S \frac{\partial g}{\partial x} dxdy = \int_a^b dx \int_{p(x)}^{q(x)} \frac{\partial g}{\partial x}(x,y)dy$$

となり，左辺の線積分は

$$\int_{C_1+C_2+C_3+C_4} g dy = \int_a^b \bigl\{g(x,p(x))dp(x) - g(x,q(x))dq(x)\bigr\}$$
$$+ \int_{p(b)}^{q(b)} g(b,y)dy - \int_{p(a)}^{q(a)} g(a,y)dy$$

となる．

さて，$\Gamma(x,y) := \int_{y_0}^y g(x,y)dy$ とおく（y_0 は適当に選ぶ）．すると，$\Gamma(x,y)$ も C^1 級の関数であり，$\dfrac{\partial}{\partial y}\Gamma(x,y) = g(x,y)$ が成り立つ．積分記号下の微分をして

$$\frac{\partial}{\partial x}\Gamma(x,y) = \int_{y_0}^y \frac{\partial g}{\partial x}(x,y)dy \quad (=: G(x,y))$$

であるが，この右辺を $G(x,y)$ としよう．すると，$\dfrac{\partial}{\partial y}G(x,y) = \dfrac{\partial g}{\partial x}(x,y)$ が成り立つ．

3.5 グリーンの公式

$G(x,y)$ を用いると，グリーンの公式の右辺の面積分は

$$\int_a^b dx \int_{p(x)}^{q(x)} \frac{\partial g}{\partial x}(x,y)dy = \int_a^b \Big\{ G(x,q(x)) - G(x,p(x)) \Big\}dx$$

となる．従って，示すべき等式は

$$\int_a^b \Big\{ G(x,q(x)) + g(x,q(x))\frac{\partial q}{\partial x} \Big\} dx - \int_a^b \Big\{ G(x,p(x)) + g(x,p(x))\frac{\partial p}{\partial x} \Big\} dx$$
$$= \int_{p(b)}^{q(b)} g(b,y)dy - \int_{p(a)}^{q(a)} g(a,y)dy = \Big[\varGamma(b,y)\Big]_{p(b)}^{q(b)} - \Big[\varGamma(a,y)\Big]_{p(a)}^{q(a)}$$
$$= \varGamma(b,q(b)) - \varGamma(b,p(b)) - \varGamma(a,q(a)) + \varGamma(a,p(a))$$

と同値である．

$$\frac{\partial}{\partial x}\varGamma(x,p(x)) = \frac{\partial \varGamma}{\partial x}(x,p(x)) + \frac{\partial \varGamma}{\partial y}(x,p(x))\frac{\partial p}{\partial x}$$
$$= G(x,p(x)) + g(x,p(x))\frac{\partial p}{\partial x}$$

を利用すると，上の式の左辺は，

$$\Big[\varGamma(x,q(x))\Big]_a^b - \Big[\varGamma(x,p(x))\Big]_a^b$$
$$= \varGamma(b,q(b)) - \varGamma(a,q(a)) - \varGamma(b,p(b)) + \varGamma(a,p(a))$$

に等しい．これで，上の等式が確かめられた． □

$f=y,\ g=0$ および $f=0,\ g=x$ とおいてみることにより，

$$\int_C y\,dx = -\iint_S 1\,dx\,dy, \quad \int_C x\,dy = \iint_S 1\,dx\,dy$$

を得る．ところで，積分 $\iint_S 1\,dx\,dy$ は領域 S の面積 $A(S)$ に他ならない．ゆえに，次の系を得る：

> **系**　(面積の公式)　$\displaystyle -\int_C y\,dx = \int_C x\,dy = A(S)$
>
> これから $\displaystyle \frac{1}{2}\int_C (-y\,dx + x\,dy) = A(S)$ という表示も得られる．

第 3 章　曲線と線積分

> **例題**　(楕円の面積)　楕円 $C : \dfrac{x^2}{a^2} + \dfrac{y^2}{b^2} = 1$　$(a, b > 0)$ で囲まれる領域 S の面積は πab である．

解答　C は
$$x = a\cos\theta, \quad y = b\sin\theta \quad (0 \leqq \theta \leqq 2\pi)$$
とパラメータ表示できる．上の面積の公式に従い，線積分を計算すると，
$$\int_C x\,dy = \int_0^{2\pi} (a\cos\theta)(b\cos\theta\,d\theta) = ab\int_0^{2\pi} \cos^2\theta\,d\theta = \pi ab$$
となる．　□

◆**問**　(1)　C を原点中心の単位円周とするとき，線積分 $\displaystyle\int_C (x^2 + xy^2)dx + 2x^2 y\,dy$ を (グリーンの公式を使って) 求めよ．

(2)　(i)　$x^{2/3} + y^{2/3} = a^{2/3}$　$(a > 0)$ で囲まれた領域の面積を求めよ．

(ii)　サイクロイド $(x, y) = (t - \sin t, 1 - \cos t)$　$(0 \leqq t \leqq 2\pi)$ と x 軸で囲まれた領域の面積を求めよ．

力学において，力 $\boldsymbol{F}$ はベクトルで表される．では，曲線 C に沿っての線積分は何を意味するか．被積分関数が $\boldsymbol{F}\cdot d\boldsymbol{r}$ であるが，これは力 $\boldsymbol{F}$ が $d\boldsymbol{r}$ ほど動いてした仕事の量，力積を表す．線積分 $\displaystyle\int_C \boldsymbol{F}\cdot d\boldsymbol{r}$ は，曲線 C に沿って力 $\boldsymbol{F}$ がした仕事の全体量を表す．

> **例題**　(勾配ベクトル場の線積分)　C^1 級関数 f について，$\boldsymbol{F} = \operatorname{grad} f$ の曲線 $C : \boldsymbol{r}(t)$　$(a \leqq t \leqq b)$ に沿っての線積分は
> $$\int_C (\operatorname{grad} f)\cdot d\boldsymbol{r} = f(\boldsymbol{r}(t))\Big|_a^b = f(\boldsymbol{r}(b)) - f(\boldsymbol{r}(a))$$
> となる．

解答　$(\operatorname{grad} f)\cdot d\boldsymbol{r} = \dfrac{\partial f}{\partial x}dx + \dfrac{\partial f}{\partial y}dy + \dfrac{\partial f}{\partial z}dz = \dfrac{df}{dt}(\boldsymbol{r}(t))dt$

ゆえ，
$$\int_C (\operatorname{grad} f)\cdot d\boldsymbol{r} = \int_a^b \frac{df}{dt}(\boldsymbol{r}(t))dt = f(\boldsymbol{r}(t))\Big|_a^b$$
となり，求める答を得る．　□

3.5 グリーンの公式

ちなみに，$\frac{\partial f}{\partial x}dx + \frac{\partial f}{\partial y}dy + \frac{\partial f}{\partial z}dz = \frac{df}{dt}(\boldsymbol{r}(t))dt$ は df と略記しても構わないことが推測できるが，これを関数 f の**全微分**と呼ぶ．8.1 節でその座標不変の意味を詳しく説明する．

力学の話に戻ると，力がポテンシャル f に従うとき，すなわち $\boldsymbol{F} = -\operatorname{grad} f$ であるとき，上の計算は質点の運動エネルギーと位置エネルギーの和の保存則を示す．実際，質量を m とすると，ニュートンの運動方程式 $m\ddot{\boldsymbol{r}}(t) = \boldsymbol{F}$ により，

$$f_1(\boldsymbol{r}(t))\dot{x}(t)dt = m\ddot{x}(t)\dot{x}(t)dt = \frac{m}{2}\frac{d}{dt}\left(\dot{x}(t)^2\right)dt$$

を得る．y, z 成分についての同様の式を足し合わせて，

$$\boldsymbol{F} \cdot \dot{\boldsymbol{r}}(t)dt = \frac{m}{2}\frac{d}{dt}\left(|\dot{\boldsymbol{r}}(t)|^2\right)dt$$

となるから，

$$\int_C \boldsymbol{F} \cdot d\boldsymbol{r} = \frac{m}{2}\left(|\dot{\boldsymbol{r}}(b)|^2 - |\dot{\boldsymbol{r}}(a)|^2\right)$$

を得る．仮定 $\boldsymbol{F} = -\operatorname{grad} f$ より，上の例題を用いれば，

$$\frac{m}{2}|\dot{\boldsymbol{r}}(b)|^2 + f(\boldsymbol{r}(b)) = \frac{m}{2}|\dot{\boldsymbol{r}}(a)|^2 + f(\boldsymbol{r}(a))$$

となり，エネルギー保存則を得る．

★ Hodgepodge ★　　グリーン

Green, George (1793–1841)

製パン業の父をもつグリーンは，30 歳くらいまで製粉職人として働いていた．ノッティンガム会員制図書館員になった彼は，1828 年に「電磁気理論への数理解析の応用試論」を自費出版したが，それがケルヴィン (トムソン) の働きで学術雑誌に載ったのは 1850 年であった．

上記のグリーンの「試論」には，グリーンの定理が導出され，いわゆるグリーン関数の静電場への応用が含まれていた．グリーンの影響を受けたケンブリッジ学派には，ケルヴィンの他，ストークスも含まれていた．

> **★ Hodgepodge ★   グリーンの公式とコーシーの積分定理**
>
> 複素変数 $z = x + iy$ についての複素数値関数 $f(z) = u(x,y) + iv(x,y)$ が，x, y について C^1 級であるとする．
>
> $dz = dx + idy$ とおいて，形式的に $f(z)dz$ を計算すると
> $$f(z)dz = (udx - vdy) + i(vdx + udy)$$
> であるから，境界が区分的に C^1 級の複素平面内の道 C と C に囲まれる領域 D について，
> $$\int_C f(z)dz = \int_C (udx - vdy) + i\int_C (vdx + udy)$$
> $$= \int_D \left(-\frac{\partial u}{\partial y} - \frac{\partial v}{\partial x}\right)dxdy + i\int_D \left(-\frac{\partial v}{\partial y} + \frac{\partial u}{\partial x}\right)dxdy$$
> であることが，グリーンの公式より分かる．
>
> $f(z)$ が D を含む領域で正則であれば，コーシー-リーマンの関係式
> $$\frac{\partial u}{\partial x} = \frac{\partial v}{\partial y}, \quad \frac{\partial u}{\partial y} = -\frac{\partial v}{\partial x}$$
> は，ちょうど上の D 上の重積分の被積分関数が 0 であることを示し，
> $$\int_C f(z)dz = 0$$
> が成り立つ．これは**コーシーの積分定理**と呼ばれる複素関数論で最も重要な定理である．

章 末 問 題

問題 3.1 次の曲線は，どのような曲線か．略図を描いてみよ．
 (i) $\boldsymbol{r}(t) = {}^t[t, \; t^2, \; t^3]$ ($0 \leq t \leq 2$).
 (ii) $\boldsymbol{r}(t) = {}^t\left[t, \; \dfrac{e^t + e^{-t}}{2}, \; 0\right]$ (懸垂線).

問題 3.2 次の曲線の速度，加速度ベクトル，および（$t \in [0, s]$ における）弧の長さを求めよ：
 (i) $\boldsymbol{r}(t) = {}^t[\cos t, \; \sin t, \; t]$ (螺旋).
 (ii) $\boldsymbol{r}(t) = {}^t[t, \; t^2]$ (放物線).
 (iii) $\boldsymbol{r}(t) = {}^t[t - \sin t, \; 1 - \cos t]$ (サイクロイド).

章 末 問 題

問題 3.3
 (i) 曲線 $\boldsymbol{r}(t) = {}^t[t,\ t^2,\ t\cos t]$ について，$t = \pi$ での接線を求めよ．
 (ii) (i) の接線と yz 平面との交点を求めよ．

問題 3.4 次のベクトル場 $\boldsymbol{F}$ と曲線 $\boldsymbol{r} = \boldsymbol{r}(t)$ について，線積分 $\displaystyle\int_C \boldsymbol{F} \cdot d\boldsymbol{r} = \int_C \boldsymbol{F} \cdot \dot{\boldsymbol{r}}\, dt$ を計算せよ：
 (i) $\boldsymbol{F} = {}^t[x^2,\ y^2,\ z^2]$, $\boldsymbol{r}(t) = {}^t[\cos t,\ \sin t,\ t]$ $\quad (t \in [0, \pi/2])$.
 (ii) $\boldsymbol{F} = {}^t[y^2 z^3,\ 2xyz^3,\ 3xy^2 z^2]$, $\boldsymbol{r}(t) = {}^t[t^2,\ t^4,\ t^6]$ $(t \in [0,1])$.

問題 3.5 平面におけるベクトル場 $\boldsymbol{F} = {}^t[xe^y,\ xy]$ について，線積分 $\displaystyle\int_C \boldsymbol{F} \cdot d\boldsymbol{r}$ を計算せよ．ただし，C は四角形 (長方形) OPQR の周を反時計回りにまわる道とする．

$$\mathrm{O} = (0,0),\ \mathrm{P} = (1,0),\ \mathrm{Q} = (1,2),\ \mathrm{R} = (0,2)$$

問題 3.6 曲線 C をシリンダー $x^2 + y^2 = 1$ と平面 $x + y + z = 1$ の交わりとする．ただし，曲線 C には点 $(1, 0, 0)$ において ${}^t[0, 1, -1]$ が正の向きの接ベクトルであるような向きを与える．このとき，次の線積分を求めよ．

$$\int_C -y\,dx + x\,dy - z\,dz$$

問題 3.7 線積分 $\displaystyle\int_C (x^2 + 2y)dx + (x + 3y^2)dy$ を求めよ．ただし，C は単位円周とする：$x^2 + y^2 = 1$ (グリーンの公式を用いよ．)

問題 3.8 $\boldsymbol{F} = \mathrm{grad}\,(x^2 yz)$ に対して，線積分 $\displaystyle\int_C \boldsymbol{F} \cdot d\boldsymbol{r}$ を求めよ．ここで，$C = C_1 + C_2$ は次に定める曲線とせよ：

$$C_1 : (a+t,\ b+t,\ c) \qquad (0 \leqq t \leqq 1),$$
$$C_2 : (a+1,\ b+1,\ c+t) \qquad (0 \leqq t \leqq 1).$$

問題 3.9 次の曲線で囲まれた領域の面積 $A(S)$ を求めよ：

$$\sqrt{|x|} + \sqrt{|y|} = \sqrt{a} \quad (a > 0)$$

問題 3.10 心臓型の曲線 $\boldsymbol{r}(t) = {}^t[(1 + \cos t)\cos t, (1 + \cos t)\sin t]$ $(0 \leqq t \leqq 2\pi)$ で囲まれる平面の領域の面積を求めよ．

第4章

曲面の幾何

　曲面とは，平面と同様な広がりをもつもの，2つの自由度 (次元) をもつものである．線の場合と同じく，パラメータを利用した表示を基に，曲面の扱いを学んでいく．曲線より多様な分，難しさも増す．

　この章では，3次元空間内の曲面の表示，曲面の接平面，法線などを説明する．面積分に関することは次章で説明する．

■ 4.1　曲面のパラメータ表示

【陰関数表示】　第1章で空間における平面の表し方を復習した．一つの表示の仕方は陰関数表示，すなわち，(3変数の) 1次方程式の解の集合

$$ax + by + cz + d = 0$$

としての表示で，もう一つは (2変数の) パラメータ表示である．

　平面を曲がったものに一般化すると**曲面**が得られるが，これは平面の場合の1次関数 $ax + by + cz + d$ を，一般の関数 $f(x, y, z)$ に替えて，

$$f(x, y, z) = 0$$

を考えたものに他ならない．これを曲面の**陰関数表示**という．陰関数表示による曲面の例を挙げておこう．

曲面の例

(1)　$f = \dfrac{x^2}{a^2} + \dfrac{y^2}{b^2} + \dfrac{z^2}{c^2} - 1$　　　(楕円面)

(2)　$f = \dfrac{x^2}{a^2} + \dfrac{y^2}{b^2} - \dfrac{z^2}{c^2} - 1$　　　(1葉双曲面)

(3) $f = \dfrac{x^2}{a^2} - \dfrac{y^2}{b^2} - \dfrac{z^2}{c^2} - 1$ (**2 葉双曲面**)

(4) $f = z - g(x,y)$ (**関数 $g(x,y)$ のグラフ**)

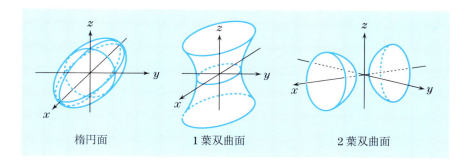

楕円面　　　　　1 葉双曲面　　　　　2 葉双曲面

典型的な球面の場合,
$$x^2 + y^2 + z^2 = 1.$$
次のように (2 通りに) **パラメータ表示**することができる.

パラメータ	範囲	曲面上のベクトル
x, y	$x^2 + y^2 \leqq 1$	$\boldsymbol{r}(x,y) = {}^t\!\left[x, y, \pm\sqrt{1-x^2-y^2}\right]$
θ, φ	$0 \leqq \theta \leqq 2\pi$ $-\dfrac{\pi}{2} \leqq \varphi \leqq \dfrac{\pi}{2}$	$\boldsymbol{r}(\theta, \varphi) = {}^t[\cos\theta\cos\varphi, \cos\theta\sin\varphi, \sin\theta]$

最初の表示は球面から xy 平面への射影によるパラメータ表示で, 2 番目のは極座標による表示である. 1 番目の特徴は, z 成分に $\pm$ がある通り, 球面の上半球と下半球を別々に表示する点である. 2 番目のは一度に表示できるが, 厳密にいうと北極点と南極点では変数変換のヤコビ行列式が 0 となっている.

◆問　(i) 上記の曲面の例について, パラメータ表示を与えよ.

(ii) $\boldsymbol{r}(s,t) = {}^t\!\left[(a+b\cos t)\cos s, (a+b\cos t)\sin s, b\sin t\right]$ $(0 \leqq s, t \leqq 2\pi)$ (**円環面 (torus)**) のおおよその形を描け.

【陰関数定理】 上記の曲面のように具体的に与えられた曲面については，パラメータ表示を与えることができるが，一般的に与えられた曲面
$$f(x,y,z) = 0$$
についても，陰関数定理を用いてパラメータ表示を与えることができる．

> **定理** （陰関数定理） 空間の領域で定義された C^1 級関数 $f(x,y,z)$ について，
> $$\frac{\partial f}{\partial z}(\mathrm{P}_0) \neq 0$$
> であるとする．ただし，$\mathrm{P}_0 = (x_0, y_0, z_0)$ は曲面上の点とする：
> このとき，(x_0, y_0) の近傍において定義された $z_0 = g(x_0, y_0)$ を満たす C^1 級関数 $g(x,y)$ が存在して，$f(x, y, g(x,y)) = 0$ が成り立つ．また，
> $$g_x(x_0, y_0) = -\frac{f_x(\mathrm{P}_0)}{f_z(\mathrm{P}_0)}, \quad g_y(x_0, y_0) = -\frac{f_y(\mathrm{P}_0)}{f_z(\mathrm{P}_0)}$$
> が成り立つ．ただし，$g_x = \dfrac{\partial g}{\partial x}$ 等と記した．

われわれの曲面を定義する関数が陰関数定理の条件 $\dfrac{\partial f}{\partial z}(\mathrm{P}_0) \neq 0$ を満たしているならば，点 (x_0, y_0) の近傍において $z = g(x,y)$ と解くことができる．このとき，パラメータを (x,y) にとり，曲面上の点の位置ベクトルを
$$\boldsymbol{r}(x,y) = {}^t[x, y, g(x,y)] \qquad ((x,y) \text{ は } (x_0, y_0) \text{ の近傍の点})$$
と表示することができる．たとえば，球面の場合，$f(x,y,z) = x^2 + y^2 + z^2 - 1$ で，$z \neq 0$ なら $\dfrac{\partial f}{\partial z} = 2z \neq 0$ である．$z > 0$ なら $z = \sqrt{1 - x^2 - y^2}$ と（$z < 0$ なら $z = -\sqrt{1 - x^2 - y^2}$ と）表示できる．

■ 4.2 曲面の接平面，法線ベクトル

空間内の部分集合としてみた曲面を S としよう．前節でみたように曲面は，それを分割すれば各部分はパラメータ表示をもつ．以下では，
$$\boldsymbol{r}(u,v) = {}^t[x(u,v),\ y(u,v),\ z(u,v)] \quad ((u,v) \in D)$$

(D は平面内の領域) とパラメータ表示をもつ曲面を考え，これについて次章で面積分を考える．ここで，$\boldsymbol{r}$ について次の 2 つの条件を要請する：

> (1) $\boldsymbol{r}$ は D からその $\boldsymbol{r}$ による像 $S = \boldsymbol{r}(D)$ への 1 対 1 の写像である．
> (2) $\boldsymbol{r}$ のヤコビ行列 $J(\boldsymbol{r})$ (今の状況では 3×2 行列) は D 上いたるところ階数が 2 である．いい換えると，小行列式
> $$\frac{\partial(y,z)}{\partial(u,v)}, \quad \frac{\partial(z,x)}{\partial(u,v)}, \quad \frac{\partial(x,y)}{\partial(u,v)}$$
> のいずれかは $\neq 0$ である．

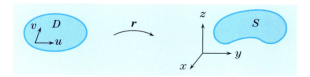

記号 $\dfrac{\partial(y,z)}{\partial(u,v)}$ は行列 $\begin{bmatrix} \dfrac{\partial y}{\partial u} & \dfrac{\partial y}{\partial v} \\ \dfrac{\partial z}{\partial u} & \dfrac{\partial z}{\partial v} \end{bmatrix}$ の行列式を表した (2.2 節参照) ことを思い起こそう．

条件 (1) は，パラメータの領域 D により曲面 S が連続的に忠実に表されることを意味する．条件 (2) は，曲面 S が滑らかであり，**接平面**が描けることを意味している．条件 (2) について，詳しくみてみよう．

まず，ヤコビ行列 $J(\boldsymbol{r})$ の列ベクトルは $\dfrac{\partial \boldsymbol{r}}{\partial u}, \dfrac{\partial \boldsymbol{r}}{\partial v}$ であることに注意しよう．すると，条件 (2) はこのベクトルが一次独立であることを意味する．

$Q_0 = (u_0, v_0)$ を D 内の任意の点とし，この点を通る直線 $(u,v) = (u_0 + pt, v_0 + qt)$ $(-\varepsilon \leqq t \leqq \varepsilon)$ の $\boldsymbol{r}$ による像である曲面 S 上の曲線

$$\boldsymbol{s}(t) := \boldsymbol{r}(u_0 + pt, v_0 + qt) \quad (-\varepsilon \leqq t \leqq \varepsilon)$$

を考えると，連鎖律により点 $\boldsymbol{r}(Q_0) = \boldsymbol{r}(u_0, v_0)$ で接ベクトル $p\dfrac{\partial \boldsymbol{r}}{\partial u}(u_0, v_0) + q\dfrac{\partial \boldsymbol{r}}{\partial v}(u_0, v_0)$ をもつことが分かる．

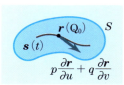

点 $P_0 = \boldsymbol{r}(Q_0)$ におけるすべての接ベクトルが接平面をなしているから，接平面はベクトル $\dfrac{\partial \boldsymbol{r}}{\partial u}(Q_0), \dfrac{\partial \boldsymbol{r}}{\partial v}(Q_0)$ が張る平面である．従って，条件 (2) は曲面 S の接平面が描けること，すなわち曲面 S の滑らかさを保証している．

さて，点 P_0 における S の接平面を $T_{P_0}S$ と記そう．接平面 $T_{P_0}S$ を定める式を考える．$T_{P_0}S$ は空間内の平面ゆえ，平面上の 1 点 (の座標) と平面に直交するベクトル (法線ベクトル) が分かればよい．

もちろん，平面上の 1 点としては点 $P_0 = \boldsymbol{r}(Q_0)$ をとり，接平面 $T_{P_0}S$ の**法線ベクトル**としては，

$$\boldsymbol{n} = \frac{\partial \boldsymbol{r}}{\partial u}(Q_0) \times \frac{\partial \boldsymbol{r}}{\partial v}(Q_0)$$

をとればよい．位置ベクトル $\boldsymbol{r}$ について，それが接平面 $T_{P_0}S$ 上にあることと，$\boldsymbol{r} - \boldsymbol{r}(Q_0)$ と法線ベクトル $\boldsymbol{n}$ とが直交することは必要十分である．ゆえに，

$$\bigl(\boldsymbol{r} - \boldsymbol{r}(Q_0)\bigr) \cdot \left(\frac{\partial \boldsymbol{r}}{\partial u}(Q_0) \times \frac{\partial \boldsymbol{r}}{\partial v}(Q_0)\right) = 0$$

が接平面 $T_{P_0}S$ を定義する条件となる．

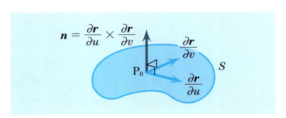

例題 (**グラフの場合**) S が 2 変数関数のグラフ $z = g(x,y)$ の場合に点 $(x_0, y_0, g(x_0, y_0))$ における接平面の定義式を求めよ．

解答 関数 $g(x,y)$ のグラフとは，$S = \{(x, y, g(x,y)) \in \mathbf{R}^3 \mid x, y \in \mathbf{R}\}$ なる空間 $\mathbf{R}^3$ の部分集合に他ならない．

パラメータは $(u,v) = (x,y)$ ととり，$Q_0 = (x_0, y_0)$ とする．

$$\boldsymbol{r}(x,y) = \begin{bmatrix} x \\ y \\ z \end{bmatrix} = \begin{bmatrix} x \\ y \\ g(x,y) \end{bmatrix}$$

を考えれば関数 $g(x,y)$ のグラフのパラメータ表示ができる.

$$\frac{\partial \boldsymbol{r}}{\partial x}(Q_0) = \begin{bmatrix} 1 \\ 0 \\ \dfrac{\partial g}{\partial x}(x_0, y_0) \end{bmatrix}, \quad \frac{\partial \boldsymbol{r}}{\partial y}(Q_0) = \begin{bmatrix} 0 \\ 1 \\ \dfrac{\partial g}{\partial y}(x_0, y_0) \end{bmatrix}$$

この 2 つのベクトルが張る平面が点 $\boldsymbol{r}(Q_0)$ における接平面である. 外積の性質により,

$$\frac{\partial \boldsymbol{r}}{\partial x}(P_0) \times \frac{\partial \boldsymbol{r}}{\partial y}(P_0) = {}^t\!\left[-\frac{\partial g}{\partial x}(x_0, y_0),\ -\frac{\partial g}{\partial y}(x_0, y_0),\ 1\right]$$

は接平面に直交する.

従って, 点 $(x_0, y_0, g(x_0, y_0))$ における接平面の点 (x, y, z) は

$$({}^t[x,y,z] - {}^t[x_0, y_0, g(x_0,y_0)]) \cdot {}^t\!\left[-\frac{\partial g}{\partial x}(x_0, y_0),\ -\frac{\partial g}{\partial y}(x_0, y_0),\ 1\right] = 0$$

を満たす. これより, 接平面の定義式は次のようになる:

$$z - g(x_0, y_0) = \frac{\partial g}{\partial x}(x_0, y_0)(x - x_0) + \frac{\partial g}{\partial y}(x_0, y_0)(y - y_0) \qquad \square$$

4.3 勾配ベクトルの幾何学的意味と曲面

C^1 級の関数 f の勾配 $\operatorname{grad} f$ には, (少なくとも) 2 つの幾何学的意味がある. 第 1 の意味は f の方向微分であり, 第 2 の意味は f により定まる曲面の法線ベクトルという意味である.

まず, 第 1 の f の方向微分については, 2.3 節で説明した通りである. すなわち, ベクトル $\boldsymbol{v}$ で与えられる方向 (に沿って) の f の微分を考えるためには, 点 $\boldsymbol{p}$ で $\boldsymbol{v}$ を接ベクトルとする曲線 $\boldsymbol{r}(t)$ を $f(x,y,z)$ に代入して, パラメータ t に関して微分すればよく,

$$\left.\frac{d}{dt}f(\boldsymbol{r}(t))\right|_{t=0} = (\operatorname{grad} f)(\boldsymbol{p}) \cdot \boldsymbol{v}$$

と計算される. このように f の $\boldsymbol{v}$ 方向の微分は勾配 $\operatorname{grad} f$ と $\boldsymbol{v}$ との内積で与えられる.

さて, $f(x,y,z) = c$ で決まる曲面上の 1 点 $\boldsymbol{p} = {}^t[x_0, y_0, z_0]$ において接平面が描けるとしよう. このとき, 次の主張を示そう:

命題 (勾配と接平面) 曲面 $f = c$ の点 $\boldsymbol{p}$ における法線ベクトルは $(\operatorname{grad} f)(\boldsymbol{p})$ で与えられ，点 $\boldsymbol{p}$ における接平面は次の式で与えられる：
$$(\operatorname{grad} f)(\boldsymbol{p}) \cdot (\boldsymbol{r} - \boldsymbol{p}) = 0$$

証明 点 $\boldsymbol{p}$ における接平面は，$\boldsymbol{p}$ を通る曲線の $\boldsymbol{p}$ における接ベクトルで張られる．$\boldsymbol{r}(t)$ ($\boldsymbol{r}(0) = \boldsymbol{p}$) を任意のそのような曲線とすると，接ベクトルは $\dot{\boldsymbol{r}}(0)$ である．

$\boldsymbol{r}(t)$ は曲面上にのっているので，関係式
$$f(x(t), y(t), z(t)) = f(\boldsymbol{r}(t)) = c$$
に $\left.\dfrac{\partial}{\partial t}\right|_{t=0}$ を作用させると，
$$\frac{\partial f}{\partial x}(\boldsymbol{p}) \left.\frac{dx(t)}{dt}\right|_{t=0} + \frac{\partial f}{\partial y}(\boldsymbol{p}) \left.\frac{dy(t)}{dt}\right|_{t=0} + \frac{\partial f}{\partial z}(\boldsymbol{p}) \left.\frac{dz(t)}{dt}\right|_{t=0} = 0$$
を得る．この事実 $(\operatorname{grad} f)(\boldsymbol{p}) \cdot \dot{\boldsymbol{r}}(0) = 0$ は，第 1 の主張に他ならない．

位置ベクトル $\boldsymbol{r}$ の終点が，点 $\boldsymbol{p}$ における接平面の上にのるとすると，接平面上の $\boldsymbol{r} - \boldsymbol{p}$ と法線ベクトル $(\operatorname{grad} f)(\boldsymbol{p})$ が直交する．ゆえに，$(\operatorname{grad} f)(\boldsymbol{p}) \cdot (\boldsymbol{r} - \boldsymbol{p}) = 0$ を得る．これを座標で表すと，次のようになる：
$$\frac{\partial f}{\partial x}(\boldsymbol{p})(x - x_0) + \frac{\partial f}{\partial y}(\boldsymbol{p})(y - y_0) + \frac{\partial f}{\partial z}(\boldsymbol{p})(z - z_0) = 0 \qquad \square$$

4.1 節の曲面の例は，すべての点で接平面が存在するような滑らかな曲面である．それは滑らかな多様体として一般の次元で定式化され，それ自身が深く研究されている．

最後に，勾配という言葉の由来を説明しよう．これは関数 $g(x, y)$ のグラフの場合によく当てはまる．

曲面の方程式は $f = z - g(x, y) = 0$ である．xy 平面上で点 (x_0, y_0) から点 $(x_0 + h, y_0 + k)$ へ進んだときのグラフ $z = g(x, y)$ 上の対応する点を考える．
$$g(x_0 + h, y_0 + k) - g(x_0, y_0) = h\frac{\partial g}{\partial x}(x_0, y_0) + k\frac{\partial g}{\partial y}(x_0, y_0) + o\left(\sqrt{h^2 + k^2}\right)$$
だから z 座標の差は一次近似で
$$(h, k) \cdot {}^t\!\left[\frac{\partial g}{\partial x}(x_0, y_0),\ \frac{\partial g}{\partial y}(x_0, y_0)\right]$$

で与えられる．${}^t\left[\dfrac{\partial g}{\partial x}, \dfrac{\partial g}{\partial y}\right] =: \operatorname{grad} g$ の成分が点 (x_0, y_0) におけるグラフの x 軸方向および y 軸方向の傾きを与え，グラフの勾配と呼ぶに相応しいことが分かる．

◆ 問　(ⅰ)　4.1 節の例の曲面について，曲面上の点における接平面の式を求めよ．

(ⅱ)　定点 $\mathrm{P}_0 = (x_0, y_0, z_0)$ と曲面 $S : \dfrac{x^2}{a^2} - \dfrac{y^2}{b^2} - \dfrac{z^2}{c^2} = 1$ (2 葉双曲面) について，S 上の 1 点 $\mathrm{P}_1 = (x_1, y_1, z_1)$ であって，線分 $\mathrm{P}_0 \mathrm{P}_1$ が点 P_1 での曲面 S の接平面に直交するような P_1 を求めよ．

★ Hodgepodge ★　リーマン

Riemann, Bernhard (1826–1866)

リーマン積分，リーマン幾何学，リーマン面，リーマン予想等々リーマンに負うものは多い．

ガウスにより研究された 3 次元空間内の曲面の幾何は，リーマンにより遥かに一般化された．今日，多様体と呼ばれるものの幾何である．しかし，位相 (トポロジー) の言葉もない時代ゆえ，誰にでも分かる形に述べられていた訳ではなく，リーマンは時代を半世紀は先取りしていたといえよう．リーマン幾何学は，多様体に距離を測るための計量という構造を付加している．一直線に平行線が無数にあり得る非ユークリッド幾何のモデルも，リーマン幾何学の枠組みで扱える．

ブレゼレンツで牧師の子として生まれたリーマンは，1851 年にゲッチンゲン大学でガウスのもとで博士号を取得するための論文「1 複素変数関数の一般理論の基礎づけ」を提出して複素解析の基礎づけを確立した．1854 年には大学教授資格を取得するための論文「幾何学の基礎にある仮説について」によって，リーマン幾何学を導入した．1859 年に述べた素数の分布に関係したリーマン予想は，クレイ・ミレニアム問題の一つとして解決が待たれる．

1866 年にイタリアでの療養の旅の途中，マッジョーレ湖の近くで 39 歳という若さで亡くなった．

4.4 曲面上の曲線

C^1 級のパラメータ表示

$$\boldsymbol{x}(u,v) = {}^t[x(u,v),\ y(u,v),\ z(u,v)] \qquad ((u,v) \in D\,;\, D\text{は平面内の領域})$$

をもつ曲面 S 上に，やはり C^1 級のパラメータ表示

$$\boldsymbol{r}(t) \qquad (t \in (-\varepsilon, \varepsilon)\,;\, \varepsilon \text{は正の実数})$$

をもつ曲線 C がのっていたとする．すなわち，$\boldsymbol{r}(t) \in S$ であるとする．

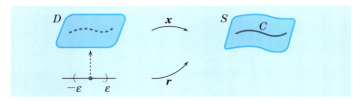

このとき，C^1 級の関数 $u(t),\ v(t)$ であって，

$$\boldsymbol{r}(t) = \boldsymbol{x}(u(t), v(t)) \qquad (t \in (-\varepsilon', \varepsilon')\,;\, 0 < \varepsilon' \leqq \varepsilon)$$

が成立するものが存在する．この事実は，次の逆写像定理を用いて示すことができる．

定理 (**逆写像定理**) $r \geqq 1$ として，$U \subset \mathbf{R}^m$, $V \subset \mathbf{R}^n$ をそれぞれ領域 $F: U \to V$ を C^r 級写像とする．

- F が点 $a \in U$ の近傍で C^r 級の同型写像である，すなわち，F に対して，a の近傍 $U' \subset U$，および $F(a)$ の近傍 $V' \subset V$ と，C^r 級写像 $G: V'' \to U''$ であって，

$$G(F(p)) = p\ (\forall p \in U'), \quad F(G(q)) = q\ (\forall q \in V')$$

が成立するものが存在する

ための必要十分条件は，次のようになる：

- $n = m$ であり，ヤコビ行列 $J(F)_a$ が正則であること．

4.4 曲面上の曲線

曲面 S 上の曲線 C の状況に戻ろう．$\boldsymbol{r}(0) = \boldsymbol{x}(u_0, v_0)$ として，$a := (u_0, v_0, 0)$，$U := D \times (-\varepsilon, \varepsilon) \subset \mathbf{R}^3$ とおく．点 $\boldsymbol{x}(u_0, v_0)$ での S の法線ベクトル

$$\boldsymbol{n} = \frac{\partial \boldsymbol{x}}{\partial u}(u_0, v_0) \times \frac{\partial \boldsymbol{x}}{\partial v}(u_0, v_0)$$

をとり，写像 $F : U \to \mathbf{R}^3$ を

$$F(u, v, w) = \boldsymbol{x}(u, v) + w\boldsymbol{n}$$

と定義する．明らかに，$F(u, v, 0) = \boldsymbol{x}(u, v) \in S$ である．F のヤコビ行列 $J(F)_a$ は

$$J(F)_a = \left[\frac{\partial F}{\partial u}(u_0, v_0, 0),\ \frac{\partial F}{\partial v}(u_0, v_0, 0),\ \frac{\partial F}{\partial w}(u_0, v_0, 0) \right]$$
$$= \left[\frac{\partial \boldsymbol{x}}{\partial u}(u_0, v_0),\ \frac{\partial \boldsymbol{x}}{\partial v}(u_0, v_0),\ \boldsymbol{n} \right]$$

となり，これは正則行列である．実際，曲面のパラメータ表示についての仮定から，この 3×3 行列の列ベクトルは一次独立である．

そこで，逆写像定理の適用より，(必要ならば定義域と値域を制限して) F の逆写像 $G : V' \to U'$ が存在して

$$G\bigl(F(u, v, w)\bigr) = G\bigl(\boldsymbol{x}(u, v) + w\boldsymbol{n}\bigr) = (u, v, w)$$

を満たす．特に，F は 1 対 1 である，すなわち，

$$\boldsymbol{x}(u, v) + w\boldsymbol{n} = \boldsymbol{x}(u', v') + w'\boldsymbol{n} \implies (u, v, w) = (u', v', w')$$

が成り立つ．特に，

$$F(u, v, w) = \boldsymbol{x}(u, v) + w\boldsymbol{n} \in S \iff w = 0$$

がいえる．実際，$F(u, v, w) \in S$ は，$F(u, v, w) = \boldsymbol{x}(u', v')$ なる (u', v') が存在することを意味するが，上記により

$$(u, v, w) = (u', v', 0)$$

となるからである．

$$G\bigl(\boldsymbol{r}(t)\bigr) = \bigl(u(t), v(t), w(t)\bigr)$$

とおくと，$u(t), v(t), w(t)$ は C^1 級の関数である．$\boldsymbol{r}(t) \in S$ ゆえ，$w(t) \equiv 0$ であり，

$$\boldsymbol{r}(t) = F\bigl(G(\boldsymbol{r}(t))\bigr) = F\bigl(u(t), v(t), 0\bigr) = \boldsymbol{x}\bigl(u(t), v(t)\bigr)$$

を得る．

曲面上の曲線の考え方の応用として，ラグランジュの未定乗数法を復習しておこう．

> **定理** (ラグランジュの未定乗数法) 3次元の領域 U 上定義された C^1 級関数 f, g を考える．
>
> f により定まる曲面を
> $$S : f(x, y, z) = 0$$
> とする．点 $\mathrm{P}_0 = (x_0, y_0, z_0) \in U$ が曲面 S 上にあり，$\operatorname{grad} f(\mathrm{P}_0) \neq 0$ とする．
>
> もし，関数 g を S 上に制限した関数 $g|_S$ が点 P_0 で極大または極小になるならば，ある実数 λ について
> $$\operatorname{grad} g(\mathrm{P}_0) = \lambda \operatorname{grad} f(\mathrm{P}_0)$$
> が成り立つ．

証明 条件 $\operatorname{grad} f(\mathrm{P}_0) \neq 0$ により，曲面 S には点 P_0 での接平面が存在する．そして，条件 $\operatorname{grad} g(\mathrm{P}_0) = \lambda \operatorname{grad} f(\mathrm{P}_0)$ は，$\operatorname{grad} g(\mathrm{P}_0)$ がその接平面に直交することを意味する．

$\boldsymbol{r}(t)$ $(t \in (-\varepsilon, \varepsilon))$ を $\boldsymbol{r}(0) = \mathrm{P}_0$ なる勝手な S 上の C^1 級曲線とする．関数 $g(\boldsymbol{r}(t))$ は点 P_0 (すなわち $t = 0$) で，極大または極小になるので，

$$\frac{dg(\boldsymbol{r}(t))}{dt}(0) = \operatorname{grad} g(\boldsymbol{r}(0)) \cdot \frac{d\boldsymbol{r}(t)}{dt}(0) = \operatorname{grad} g(\mathrm{P}_0) \cdot \frac{d\boldsymbol{r}(t)}{dt}(0) = 0$$

となる．ベクトル $\dfrac{d\boldsymbol{r}(t)}{dt}(0)$ は S の勝手な接ベクトルであるので，$\operatorname{grad} g(\mathrm{P}_0)$ が点 P_0 での接平面に直交することが示せた． □

定数 λ がラグランジュの (未定) 乗数と呼ばれる．

4.4 曲面上の曲線

上の定理を 3 変数関数の条件付き極大極小問題に適用すると次のようになる：

(3 次元の領域 U 上定義された) C^1 級関数 g, h と定数 c に対し，条件 $h(x, y, z) = c$ のもとで，関数 $g(x, y, z)$ が極大極小となる点 (x, y, z) を求めるには，

$$\frac{\partial g}{\partial x} - \lambda \frac{\partial h}{\partial x} = 0, \quad \frac{\partial g}{\partial y} - \lambda \frac{\partial h}{\partial y} = 0, \quad \frac{\partial g}{\partial z} - \lambda \frac{\partial h}{\partial z} = 0$$
$$h(x, y, z) - c = 0$$

を解けばよい．これは $f(x, y, z) = h(x, y, z) - c$ とおいて，上の命題を適用したものに他ならない．

いい換えると，ラグランジュの未定乗数 λ も変数に加えた関数
$$F(x, y, z, \lambda) = g(x, y, z) - \lambda \{h(x, y, z) - c\}$$
の臨界点を求めるための連立方程式
$$\frac{\partial F}{\partial x} = \frac{\partial F}{\partial y} = \frac{\partial F}{\partial z} = \frac{\partial F}{\partial \lambda} = 0$$
を解けばよい．実際，次のようになる：

$$\frac{\partial F}{\partial x} = \frac{\partial g}{\partial x} - \lambda \frac{\partial h}{\partial x}, \quad \frac{\partial F}{\partial y} = \frac{\partial g}{\partial y} - \lambda \frac{\partial h}{\partial y}, \quad \frac{\partial F}{\partial z} = \frac{\partial g}{\partial z} - \lambda \frac{\partial h}{\partial z}$$
$$-\frac{\partial F}{\partial \lambda} = h(x, y, z) - c$$

例題 (関数の最大値) 条件 $x^2 + y^2 + z^2 = 1$ の下で，関数 $g(x, y, z) = x + z$ の最大値を求めよ．

解答 $F(x, y, z, \lambda) = (x + z) - \lambda \{x^2 + y^2 + z^2 - 1\}$ の臨界点を求めるための連立方程式
$$1 = 2\lambda x, \quad 0 = 2\lambda y, \quad 1 = 2\lambda z, \quad x^2 + y^2 + z^2 = 1$$
を解くと，$\lambda \neq 0$ であり，次のようになる：
$$y = 0, \quad x = z = \lambda = \pm \frac{1}{\sqrt{2}}$$
これから，関数 $g(x, y, z) = x + z$ は点 $\left(\frac{1}{\sqrt{2}}, 0, \frac{1}{\sqrt{2}}\right)$ で最大値 $\sqrt{2}$ をとる． □

★ Hodgepodge ★　ラグランジュ

Lagrange, Joseph Louis (1736–1813)

トリノ (イタリア) で生まれ，1766 年からフリードリヒ大王の下，ベルリン学士院で数学，物理学の主任として研究した．1787 年からはフランス学士院に迎えられ，パリ高等師範学校，高等理工科学校の教授となった．

微分積分学の力学への応用で，最小作用の原理に基づく解析力学をつくり出した．天文学への応用として，3 体問題を研究した．代数方程式の研究ではラグランジュの分解式を導入した．また，すべての自然数が高々 4 つの平方数の和によって表される事実 (四平方定理) を証明するなど，数論に関する仕事もある．

章末問題

問題 4.1 次の方程式で定義される曲面を図示せよ：
$$x^2 + y^2 - z^2 = 0$$

問題 4.2 次の方程式で定義される曲面を図示せよ．また，パラメータ表示せよ．
$$\frac{x^2}{a^2} + \frac{y^2}{b^2} = z^2.$$

問題 4.3 次の曲面の指定した点での接平面を求めよ：
(i) $z = (x+y)e^{-xy}$, 点 $(0, 2, 2)$ で．
(ii) $z = x^3 - 3xy^2$, 点 $(2, 1, 2)$ で．

問題 4.4 接平面が平面
$$4x + 3y - z = 6$$
に平行であるような曲面 $z - x^2 - 3y^2 = 0$ 上の点を求めよ．

問題 4.5 $S : \boldsymbol{x}(u, v) = {}^t[x(u,v), y(u,v), z(u,v)]$ $((u,v) \in D)$ とパラメータ表示された曲面を考える (D は uv 平面の領域)．C^1 級関数 $u(t), v(t)$ $(a \leqq t \leqq b)$ に対して
$$C : \boldsymbol{r}(t) = \boldsymbol{x}(u(t), v(t))$$

が S 上の曲線 C を定めると仮定する．このとき，C の長さ L は次で与えられることを示せ．

$$L = \int_a^b \sqrt{E\left(\frac{du}{dt}\right)^2 + 2F\left(\frac{du}{dt}\right)\left(\frac{dv}{dt}\right) + G\left(\frac{dv}{dt}\right)^2}\, dt$$

ただし，$E = \dfrac{\partial \boldsymbol{x}}{\partial u} \cdot \dfrac{\partial \boldsymbol{x}}{\partial u},\ F = \dfrac{\partial \boldsymbol{x}}{\partial u} \cdot \dfrac{\partial \boldsymbol{x}}{\partial v},\ G = \dfrac{\partial \boldsymbol{x}}{\partial v} \cdot \dfrac{\partial \boldsymbol{x}}{\partial v}$ とおいた．

問題 4.6 （陰関数定理の特別な場合）　$f(x,y,z)$ を領域 $U\ (\subset \mathbf{R}^3)$ 上定義された微分可能な関数とする．点 $(a,b,c) \in U$ が，条件

$$f(a,b,c) = 0, \qquad \frac{\partial f}{\partial z}(a,b,c) \neq 0$$

を満たすとする．

$$F(x,y,z) := (x,\ y,\ f(x,y,z)) \qquad ((x,y,z) \in U)$$

とおき，写像 $F: U \to \mathbf{R}^3$ を定める．

(i) ヤコビ行列 $J(F)_{(a,b,c)}$ を求め，その階数が 3（rank $J(F)_{(a,b,c)} = 3$）であることを示せ．

(ii) (i) の結果と 4.4 節の逆写像定理により，点 $F(a,b,c) \in \mathbf{R}^3$ の近傍 V で写像 F の逆写像 F^{-1} が存在する．そこで

$$F^{-1}(u,v,w) := \bigl(g_1(u,v,w),\ g_2(u,v,w),\ g_3(u,v,w)\bigr)$$
$$((u,v,w) \in V)$$

とおく．このとき，

$$g_1(u,v,w) = u, \quad g_2(u,v,w) = v$$

であることを示せ．

（ヒント：$F\bigl(F^{-1}(u,v,w)\bigr) = (u,v,w)$）

(iii) (ii) の関数 $g_3(u,v,w)$ を用いて，$g(x,y) := g_3(x,y,0)$ と定めると，

$$f\bigl(x,y,g(x,y)\bigr) = 0$$

であることを示せ．

第5章

面積分と流束積分

水の流れを数学的に扱うことは，17 世紀以来流体力学によってされてきた．磁石が砂鉄に引き起こす流れの模様も，川を流れる水と共通の枠組みで扱えるようになった．流れる水の量や，電荷が作り出す電束の量などは，曲面上の面積分の一つの形である流束積分により計算される．

この章では，曲面上での関数の積分 (面積分)，ベクトル場の面積分 (流束積分) を導入する．そのために，多変数の積分，特に積分の変数変換の公式を復習する．また，空間内の曲面上での面積分にとって必要な，曲面の向きについても吟味する．

■ 5.1 多変数の積分

多変数の積分は，平面図形の面積，空間内の領域の体積などを考える際に自然に必要となる．平面図形が図のような関数 f のグラフの場合，細い長方形で近似して求めるが，その極限が f の定積分で与えられるのであった．

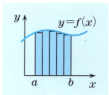

より一般の平面内の領域 D の場合も，図のように小さな長方形で近似して極限をとって，その面積が定義される．

空間内の領域 V の場合も，同様に小さな直方体で近似して極限をとり，その体積が定義される．このように，面積や体積を測るための微小な長方形ないし直方体を考える．縦，横，(そして高さ) を $\Delta x, \Delta y\ (, \Delta z)$ とするとき，微小な長方形の面積 (ないし直方体の体積) は次のように与えられる：

$$\Delta x \cdot \Delta y \quad (\Delta x \cdot \Delta y \cdot \Delta z)$$

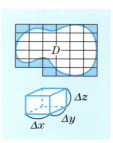

5.1 多変数の積分

これの極限として理解される仮想的な微小な長方形ないし直方体は

$$dxdy \quad (dxdydz)$$

というシンボルで表される面積ないし体積をもつ．これを**面積要素**，**体積要素**という．これの数学的な基礎付けは，第8章の微分形式の考え方に基づいてされる．ここでは，上の直観的な理解でひとまず済ましておこう．

同様に，3.3節で出てきた弧長 ds は**線分要素**と呼ぶべきものである．ただし，直線とは限らない曲線上の微小な区間の長さに対応するものである．3.3節では曲線のパラメータ表示を利用して定義されたが，パラメータ表示にほとんど依存せず，曲線の向き付けにのみ依存していた．

後の節で，曲面上の面積要素について復習する．

まず，次の例題で面積分の簡単な練習をしよう：

> **例題** 積分
> $$\int_D \log(x^2+y^2)\,dxdy$$
> を計算せよ．ここで，積分領域 D は次で与えられるものとする：
> $$0 \leq x, \quad 0 \leq y, \quad a \leq x^2+y^2 \leq b \quad (0 < a < b)$$

解答 被積分関数の $\log$ の中の x^2+y^2 に注目して極座標に取り替えよう．

$$x = r\cos\theta,\ y = r\sin\theta \quad \left(\sqrt{a} \leq r \leq \sqrt{b},\ 0 \leq \theta \leq \frac{\pi}{2}\right).$$

すると，$dxdy = r\,drd\theta$ であり，

$$\int_D \log(x^2+y^2)\,dxdy = \int_{\sqrt{a}}^{\sqrt{b}} 2r\log r\,dr \int_0^{\pi/2} d\theta$$
$$= \frac{1}{2}\left\{b\log b - a\log a - (b-a)\right\} \times \frac{\pi}{2} = \frac{\pi}{4}\left\{b\log b - a\log a - (b-a)\right\}$$

を得る． □

このように，実際の計算では直ちに積分における変数変換の公式が必要となる．それを次節で復習しよう．

5.2 多変数の積分における変数変換

簡単な 1 変数の場合の復習から始めよう．1 変数の変数変換 $t = t(u)$ により
$$dt = \frac{dt}{du} du$$
となる．これから置換積分の公式
$$\int_a^b f(t)\,dt = \int_\alpha^\beta f(t(u))\, \frac{dt}{du} du \quad (a = t(\alpha),\ b = t(\beta))$$
を得る．これは 3.3 節で，線積分がパラメータのとり方によらず定まることを示すときに既に利用した．

多変数の変数変換についても，面積要素，体積要素の変換式を用いれば，積分の変数変換をすることができる．まずその変換式を挙げる．

	2 変数	3 変数
変数変換	$\begin{cases} x = x(u,v) \\ y = y(u,v) \end{cases}$	$\begin{cases} x = x(u,v,w) \\ y = y(u,v,w) \\ z = z(u,v,w) \end{cases}$
面積要素 or 体積要素	$dxdy = \dfrac{\partial(x,y)}{\partial(u,v)} dudv$	$dxdydz = \dfrac{\partial(x,y,z)}{\partial(u,v,w)} dudvdw$

【面積要素の場合】 面積要素の場合をみてみよう．u, v 軸方向に長さ Δu, Δv の微小な長方形が，変数変換 $x = x(u,v)$, $y = y(u,v)$ によってどう写されるかを調べる．この長方形はベクトル $(\Delta u)\boldsymbol{e}_1$, $(\Delta v)\boldsymbol{e}_2$ で張られている．微小な長さゆえ，一次近似をしてよいが，写像 $F = \bigl(x(u,v),\ y(u,v)\bigr)$ は，そのヤコビ行列

$$J(F) = \begin{bmatrix} \dfrac{\partial x}{\partial u} & \dfrac{\partial x}{\partial v} \\ \dfrac{\partial y}{\partial u} & \dfrac{\partial y}{\partial v} \end{bmatrix}$$

で表される線形写像で近似される．上の長方形は次のベクトルで張られる平行四辺形に写される：

5.2 多変数の積分における変数変換

$$J(F) \cdot (\Delta u)\boldsymbol{e}_1 = (\Delta u)J(F)\boldsymbol{e}_1 = (\Delta u) \, {}^t\!\left[\frac{\partial x}{\partial u}, \frac{\partial y}{\partial u}\right]$$

$$J(F) \cdot (\Delta v)\boldsymbol{e}_2 = (\Delta v)J(F)\boldsymbol{e}_2 = (\Delta v) \, {}^t\!\left[\frac{\partial x}{\partial v}, \frac{\partial y}{\partial v}\right]$$

この平行四辺形の面積は，行列式

$$\left| (\Delta u) \begin{bmatrix} \dfrac{\partial x}{\partial u} \\ \dfrac{\partial y}{\partial u} \end{bmatrix}, (\Delta v) \begin{bmatrix} \dfrac{\partial x}{\partial v} \\ \dfrac{\partial y}{\partial v} \end{bmatrix} \right| = (\Delta u)(\Delta v)\frac{\partial(x, y)}{\partial(u, v)}$$

に絶対値を付けたもので与えられる (次ページの問参照)．ここで絶対値を付ける必要は，最も簡単な変換

$$(x, y) = (u, -v)$$

のときにみてとれる．この変換のヤコビ行列式は -1 であるという具合に，向きが反転する．積分は向きのとり方に依存する．

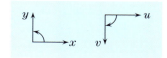

これより，uv 平面の微小な長方形は写像 F により xy 平面に写すと $\dfrac{\partial(x, y)}{\partial(u, v)}$ 倍されることが分かった．従って面積要素 $dxdy$ は，写像 F で uv 平面の面積要素 $dudv$ と比較して考えると，$\dfrac{\partial(x, y)}{\partial(u, v)}dudv$ に相当する．つまり，

$$dxdy = \frac{\partial(x, y)}{\partial(u, v)}dudv.$$

写像 F により uv 平面で考えたことを明確にするために，左辺を $F^*(dxdy)$ という記号で表すことがある (第 8 章参照)．通常は，領域 D と $\tilde{D}$ が対応するとき，積分の形で

$$\int_D f(x, y)\,dxdy = \int_{\tilde{D}} f(x(u, v),\ y(u, v))\left|\frac{\partial(x, y)}{\partial(u, v)}\right|dudv$$

と表される．変数変換が向きを保てば，絶対値をはずした形が成り立っている．

【体積要素の場合】 体積要素の場合にも，同様に議論することができる．このときは，軸に平行なベクトルが張る直方体が，写像 $J(F)$ により写されたベク

トルが張る平行六面体の体積を調べればよい．第1章でみた通り，ベクトル $\boldsymbol{a}$, $\boldsymbol{b}$, $\boldsymbol{c}$ が張る平行六面体の体積は $|\boldsymbol{a}\cdot(\boldsymbol{b}\times\boldsymbol{c})|$ だから，3×3 行列 A に対して成り立つ公式

$$(A\boldsymbol{a})\cdot((A\boldsymbol{b})\times(A\boldsymbol{c})) = (\det A)\boldsymbol{a}\cdot(\boldsymbol{b}\times\boldsymbol{c})$$

に注意すれば (1.4 節 p.6 の問 (v) の式から従う)，面積要素の場合と同様の議論により

$$dxdydz = \frac{\partial(x,y,z)}{\partial(u,v,w)}dudvdw$$

が得られるのである (左辺は第 8 章では，左辺は写像 F による引き戻し $F^*(dxdydz)$ と解釈される)．

- ◆ 問　平面ベクトル $\boldsymbol{a}$, $\boldsymbol{b}$ の張る平行四辺形の面積は，$|\det(\boldsymbol{a},\boldsymbol{b})|$ に等しいことを示せ．ここで，$(\boldsymbol{a},\boldsymbol{b})$ は列ベクトルを並べた 2×2 行列である (ヒント：直接示すか，ベクトルの外積 (1.4 節) を利用せよ)．

5.3　曲面の表面積

第 4 章で説明した通り，陰関数表示された曲面を複数のパラメータ表示された曲面に分割することができる．そこで，

$$S : \boldsymbol{x}(u,v) = {}^t[x(u,v),\ y(u,v),\ z(u,v)] \quad ((u,v)\in D)$$

とパラメータ表示された曲面 S についてその表面積を求めてみよう．ここで，D は平面内の領域である．

求めるための基本的な考え方は，領域 D を微小な長方形の集まりで近似することである．各微小な長方形に対応する曲面上の領域の面積の和が表面積の近似となる．微小な曲面上の領域の面積は，領域内の 1 点での接平面に射影した領域の面積で近似される．それが実質的には曲面上の面積要素である．

Δu, Δv を微小な正の数として，4 点

$$\begin{aligned}&Q_0 = (u_0, v_0), & &Q_1 = (u_0+\Delta u, v_0),\\ &Q_2 = (u_0, v_0+\Delta v), & &Q_3 = (u_0+\Delta u, v_0+\Delta v)\end{aligned}$$

が張る長方形 $Q_0Q_1Q_3Q_2$ と，4 点

$$P_0 = \boldsymbol{x}(u_0, v_0), \qquad P_1 = \boldsymbol{x}(u_0 + \Delta u, v_0),$$
$$P_2 = \boldsymbol{x}(u_0, v_0 + \Delta v), \quad P_3 = \boldsymbol{x}(u_0 + \Delta u, v_0 + \Delta v)$$

が張る四角形 $P_0P_1P_3P_2$，および写像 $\boldsymbol{x}(u,v)$ による長方形 $Q_0Q_1Q_3Q_2$ の像とを比べてみる．

$$\boldsymbol{x}(u_0 + \Delta u, v_0) - \boldsymbol{x}(u_0, v_0) = \frac{\partial \boldsymbol{x}}{\partial u}(u_0, v_0)\Delta u,$$
$$\boldsymbol{x}(u_0, v_0 + \Delta v) - \boldsymbol{x}(u_0, v_0) = \frac{\partial \boldsymbol{x}}{\partial v}(u_0, v_0)\Delta v$$

と一次近似されるので，四角形 $P_0P_1P_3P_2$ は点 P_0 を始点として接ベクトル $\frac{\partial \boldsymbol{x}}{\partial u}(u_0, v_0)\Delta u$, $\frac{\partial \boldsymbol{x}}{\partial v}(u_0, v_0)\Delta v$ が張る平行四辺形で近似される．外積の性質により，その面積は

$$\left| \frac{\partial \boldsymbol{x}}{\partial u}(u_0, v_0) \times \frac{\partial \boldsymbol{x}}{\partial v}(u_0, v_0) \right| \Delta u \Delta v$$

である．この平行四辺形はまた，写像 $\boldsymbol{x}(u,v)$ による長方形 $Q_0Q_1Q_3Q_2$ の像 (を曲面の接平面上に射影した領域) を近似している．

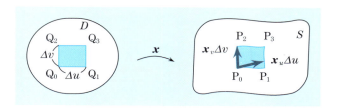

従って，$dA := \left| \frac{\partial \boldsymbol{x}}{\partial u}(u,v) \times \frac{\partial \boldsymbol{x}}{\partial v}(u,v) \right| dudv$ をパラメータ (u,v) について積分すると，曲面 S の表面積 $A(S)$ が得られることが分かる：

$$A(S) = \int_S dA = \int_D \left| \frac{\partial \boldsymbol{x}}{\partial u}(u,v) \times \frac{\partial \boldsymbol{x}}{\partial v}(u,v) \right| dudv$$

dA を**面積要素**と呼ぶ．実は，後で示すように面積 $A(S)$ はパラメータのとり方に依存しない．その意味で，面積要素もパラメータのとり方に依存しない．

注意 境界からの寄与が無視できるようなパラメータ表示においても，曲面の面積や面積分は正しく計算される．特に，境界 ∂D が区分的に C^1 級であるような場合に求まる．

> **例題** （グラフの面積要素） 曲面 S が，関数 $f(x,y)$ のグラフであるときの面積要素 dA は
> $$dA = \sqrt{1+f_x^2+f_y^2}\, dxdy$$
> である．

解答 $\boldsymbol{x}(x,y) = {}^t[x,y,f(x,y)]$ とおくと，4.2 節の例題で計算した通り，$\boldsymbol{x}_x \times \boldsymbol{x}_y = {}^t[-f_x,-f_y,1]$ であるから，$dA = \sqrt{1+f_x^2+f_y^2}\, dxdy$ を得る． □

5.4 面積分

曲面上の面積要素について復習できたところで，関数，あるいは**スカラー場の面積分**を導入しよう．

S を前節と同様にパラメータ表示をもつ曲面とする：
$$S = \{\boldsymbol{x}(u,v) \mid (u,v) \in D\}$$
$f(x,y,z)$ を S を含む領域で定義された連続関数とする．f の S 上の面積分を
$$\int_S f\, dA := \int_D f(\boldsymbol{x}(u,v)) \left|\frac{\partial \boldsymbol{x}}{\partial u}(u,v) \times \frac{\partial \boldsymbol{x}}{\partial v}(u,v)\right| dudv$$
と定義する．$f \equiv 1$ の場合が**表面積**を求める積分である．

$\tilde{\boldsymbol{x}}(\tilde{u},\tilde{v})\, ((\tilde{u},\tilde{v}) \in \tilde{D})$ を S のもう 1 つのパラメータ表示としよう．
4.4 節で用いた S の近傍への C^1 級の同型写像 $F : D \times (-\varepsilon,\varepsilon) \to \mathbf{R}^3$, $\tilde{F} : \tilde{D} \times (-\tilde{\varepsilon},\tilde{\varepsilon}) \to \mathbf{R}^3$：
$$F(u,v,w) = \boldsymbol{x}(u,v) + w\boldsymbol{n}, \quad \tilde{F}(\tilde{u},\tilde{v},\tilde{w}) = \tilde{\boldsymbol{x}}(\tilde{u},\tilde{v}) + \tilde{w}\tilde{\boldsymbol{n}}$$
を考える．逆写像定理により存在する F^{-1} と $\tilde{F}$ の合成 $F^{-1} \circ \tilde{F}$ を考えると，
$$(u,v) = \varphi(\tilde{u},\tilde{v})$$
と解くことができる．φ も C^1 級の同型写像である．φ の定義から

$$\boldsymbol{x}(u,v) = \boldsymbol{x}\bigl(\varphi(\tilde{u},\tilde{v})\bigr) = \tilde{\boldsymbol{x}}(\tilde{u},\tilde{v})$$

が成り立っている.

> **定理** (**面積分のパラメータ非依存性**)　上記の状況で,次の等式が成り立つ:
> $$\int_D f\bigl(\boldsymbol{x}(u,v)\bigr)\left|\frac{\partial \boldsymbol{x}}{\partial u}\times\frac{\partial \boldsymbol{x}}{\partial v}\right|dudv = \int_{\tilde{D}} f\bigl(\tilde{\boldsymbol{x}}(\tilde{u},\tilde{v})\bigr)\left|\frac{\partial \tilde{\boldsymbol{x}}}{\partial \tilde{u}}\times\frac{\partial \tilde{\boldsymbol{x}}}{\partial \tilde{v}}\right|d\tilde{u}d\tilde{v}$$

証明　関係 $\boldsymbol{x}\bigl(\varphi(\tilde{u},\tilde{v})\bigr) = \tilde{\boldsymbol{x}}(\tilde{u},\tilde{v})$ から,連鎖律により $J(\tilde{\boldsymbol{x}}) = J(\boldsymbol{x}\cdot\varphi) = J(\boldsymbol{x})\cdot J(\varphi)$ であるから

$$\left[\frac{\partial \tilde{\boldsymbol{x}}}{\partial \tilde{u}},\frac{\partial \tilde{\boldsymbol{x}}}{\partial \tilde{v}}\right] = \left[\frac{\partial \boldsymbol{x}}{\partial u},\frac{\partial \boldsymbol{x}}{\partial v}\right]\cdot\begin{bmatrix}\dfrac{\partial u}{\partial \tilde{u}} & \dfrac{\partial u}{\partial \tilde{v}}\\ \dfrac{\partial v}{\partial \tilde{u}} & \dfrac{\partial v}{\partial \tilde{v}}\end{bmatrix}$$

を得る.

外積についての性質 (1.4 節の問 (ii)) により,

$$\frac{\partial \tilde{\boldsymbol{x}}}{\partial \tilde{u}}\times\frac{\partial \tilde{\boldsymbol{x}}}{\partial \tilde{v}} = \frac{\partial(u,v)}{\partial(\tilde{u},\tilde{v})}\left(\frac{\partial \boldsymbol{x}}{\partial u}\times\frac{\partial \boldsymbol{x}}{\partial v}\right)$$

が成立する. 従って,

$$\int_{\tilde{D}} f\bigl(\tilde{\boldsymbol{x}}(\tilde{u},\tilde{v})\bigr)\left|\frac{\partial \tilde{\boldsymbol{x}}}{\partial \tilde{u}}\times\frac{\partial \tilde{\boldsymbol{x}}}{\partial \tilde{v}}\right|d\tilde{u}d\tilde{v} = \int_{\tilde{D}} f\bigl(\tilde{\boldsymbol{x}}(\tilde{u},\tilde{v})\bigr)\left|\frac{\partial(u,v)}{\partial(\tilde{u},\tilde{v})}\right|\left|\frac{\partial \boldsymbol{x}}{\partial u}\times\frac{\partial \boldsymbol{x}}{\partial v}\right|d\tilde{u}d\tilde{v}$$

となるが,積分の変数変換の公式 (5.2 節) により,

$$\int_{\tilde{D}} f\bigl(\tilde{\boldsymbol{x}}(\tilde{u},\tilde{v})\bigr)\left|\frac{\partial(u,v)}{\partial(\tilde{u},\tilde{v})}\right|\left|\frac{\partial \boldsymbol{x}}{\partial u}\times\frac{\partial \boldsymbol{x}}{\partial v}\right|d\tilde{u}d\tilde{v} = \int_D f\bigl(\boldsymbol{x}(u,v)\bigr)\left|\frac{\partial \boldsymbol{x}}{\partial u}\times\frac{\partial \boldsymbol{x}}{\partial v}\right|dudv$$

ゆえ,定理は証明された.　□

5.5　流束積分

空間内の領域 Ω で定義されたベクトル場 $\boldsymbol{F}$ を,Ω 内の曲面 S で積分した量を**流束積分** (flux integral) という. $\boldsymbol{F}$ が Ω 内の流体の速度場とみて,流体が S を透過する量を表している. S を透過する流体を (S で束ねられた) **流束** (flux) とみなしているのである.

力積と線積分の関係との類似から,面積要素をベクトル化した

$$d\boldsymbol{A} := \frac{\partial \boldsymbol{x}}{\partial u}(u,v)\times\frac{\partial \boldsymbol{x}}{\partial v}(u,v)dudv$$

を考えよう．ベクトル場 $\boldsymbol{F}$ の S 上の面積分 (流束積分) を

$$\int_S \boldsymbol{F} \cdot d\boldsymbol{A} = \int_D \boldsymbol{F}(\boldsymbol{x}(u,v)) \cdot \left(\frac{\partial \boldsymbol{x}}{\partial u}(u,v) \times \frac{\partial \boldsymbol{x}}{\partial v}(u,v) \right) dudv$$

と定義する．S の (接平面の) 単位法線ベクトル

$$\boldsymbol{n} := \frac{1}{\left| \frac{\partial \boldsymbol{x}}{\partial u}(u,v) \times \frac{\partial \boldsymbol{x}}{\partial v}(u,v) \right|} \frac{\partial \boldsymbol{x}}{\partial u}(u,v) \times \frac{\partial \boldsymbol{x}}{\partial v}(u,v)$$

$$= \frac{1}{\left| \frac{\partial \boldsymbol{x}}{\partial u}(u,v) \times \frac{\partial \boldsymbol{x}}{\partial v}(u,v) \right|} {}^t\!\left[\frac{\partial(y,z)}{\partial(u,v)}, \frac{\partial(z,x)}{\partial(u,v)}, \frac{\partial(x,y)}{\partial(u,v)} \right]$$

を用いると，

$$\frac{\partial \boldsymbol{x}}{\partial u}(u,v) \times \frac{\partial \boldsymbol{x}}{\partial v}(u,v) dudv$$
$$= \frac{1}{\left| \frac{\partial \boldsymbol{x}}{\partial u}(u,v) \times \frac{\partial \boldsymbol{x}}{\partial v}(u,v) \right|} \left(\frac{\partial \boldsymbol{x}}{\partial u}(u,v) \times \frac{\partial \boldsymbol{x}}{\partial v}(u,v) \right) \left| \frac{\partial \boldsymbol{x}}{\partial u}(u,v) \times \frac{\partial \boldsymbol{x}}{\partial v}(u,v) \right| dudv$$

すなわち $d\boldsymbol{A} = \boldsymbol{n} dA$ であるから，$\int_S \boldsymbol{F} \cdot d\boldsymbol{A} = \int_S \boldsymbol{F} \cdot \boldsymbol{n} dA$ となる．

$\boldsymbol{F} \cdot \boldsymbol{n}$ はベクトル場 $\boldsymbol{F}$ の曲面に垂直な方向の成分であり，曲面 S を透過する流束の量を表していて，上記の積分が流束積分と呼ばれるべきものとなっている．また，流束積分 $\int_S \boldsymbol{F} \cdot d\boldsymbol{A}$ は 5.4 節で定義したスカラー場 $\boldsymbol{F} \cdot \boldsymbol{n}$ の面積分に他ならないことが分かる．

5.4 節での議論を繰り返せば，流束積分はパラメータのとり方によらずに決まることが示せる (ただし，p.79, 5.6 節参照).

【流束積分の成分表示】 さて，上記の流束積分を成分表示してみよう．ベクトル場 $\boldsymbol{F}$ が

$$\boldsymbol{F} = {}^t[f_1, f_2, f_3]$$

と与えられたとする．5.2 節でみたように $dydz = \frac{\partial(y,z)}{\partial(u,v)} dudv$ 等を用いれば，

$$\boldsymbol{F} \cdot d\boldsymbol{A} = f_1 dydz + f_2 dzdx + f_3 dxdy$$

5.5 流束積分

なる表示を得て，流束積分は

$$\int_S \boldsymbol{F} \cdot d\boldsymbol{A} = \int_S f_1 dydz + f_2 dzdx + f_3 dxdy$$

とも表される．

例題 円柱 $S := \{x^2 + y^2 = 1, -1 < z < 1\} \cup \{x^2 + y^2 \leqq 1, z = \pm 1\}$ とベクトル場 $\boldsymbol{F} = {}^t[xy^2, x^2y, y]$ を考える．このとき，流束積分 (面積分) $\int_S \boldsymbol{F} \cdot d\boldsymbol{A}$ を求めよ．

解答 S を $S = S_1 + S_2 + S_3$ と分ける．ただし，

$$S_1 : x^2 + y^2 \leqq 1, z = 1$$
$$S_2 : x^2 + y^2 = 1, -1 \leqq z \leqq 1$$
$$S_3 : x^2 + y^2 \leqq 1, z = -1$$

とする．S_1, S_3 の単位法線ベクトルは，それぞれ至るところ ${}^t[0,0,1]$, ${}^t[0,0,-1]$ である．S_2 の点 (x,y,z) における単位法線ベクトルは ${}^t[x,y,0]$ である．したがって，

$$\int_{S_1} \boldsymbol{F} \cdot d\boldsymbol{A} = \int_{x^2+y^2 \leqq 1} ydxdy, \qquad \int_{S_3} \boldsymbol{F} \cdot d\boldsymbol{A} = -\int_{x^2+y^2 \leqq 1} ydxdy$$

である．S_2 上で $x = \cos\theta, y = \sin\theta$ とパラメータをとれば

$$d\boldsymbol{A} = \frac{\partial \boldsymbol{r}}{\partial \theta} \times \frac{\partial \boldsymbol{r}}{\partial z} d\theta dz = \begin{bmatrix} -\sin\theta \\ \cos\theta \\ 0 \end{bmatrix} \times \begin{bmatrix} 0 \\ 0 \\ 1 \end{bmatrix} d\theta dz = \begin{bmatrix} \cos\theta \\ \sin\theta \\ 0 \end{bmatrix} d\theta dz$$

となるから，

$$\begin{aligned}
\int_{S_2} \boldsymbol{F} \cdot d\boldsymbol{A} &= \int_{S_2} (xy^2 \cdot x + x^2 y \cdot y) dxdy \\
&= 2 \int_0^{2\pi} \cos^2\theta \sin^2\theta d\theta \int_{-1}^1 dz \\
&= 4 \int_0^{2\pi} \frac{1+\cos 2\theta}{2} \frac{1-\cos 2\theta}{2} d\theta \\
&= \int_0^{2\pi} (1 - \cos^2 2\theta) d\theta = \pi
\end{aligned}$$

を得る．以上あわせて求める面積分の値は π である． □

5.6 曲面の向きと積分

積分の変数変換の公式

$$\int_D f(x,y)dxdy = \int_{\tilde{D}} f(x(u,v),\ y(u,v))\left|\frac{\partial(x,y)}{\partial(u,v)}\right|dudv$$

には絶対値が付いていたが，変数変換が向きを保たない場合も込めて成立させるためであった．

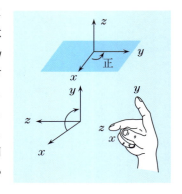

3次元空間内の曲面は，少なくとも局所的には表裏の区別がある．xy 平面，uv 平面を無意識に描くとき，それらを表と理解している．xy 平面，uv 平面を xyz 空間，uvw 空間の中で考えるとき，z 軸，w 軸の正の方向から xy 平面，uv 平面をみたものが表である．伝統的に，x 軸，y 軸，z 軸をその順番に右手の親指，人差し指，中指に対応させてそれを xy 平面の正の向き，同時に xyz 空間の正の向き（右手系）と呼び習わしている．

別のいい方をすると，座標変数の x, y (あるいは x, y, z) に順番をつけたものが xy 平面 (あるいは xyz 空間) の向き，といってよい．ただし，3つの座標 x, y, z については，(x, y, z) の他に (z, x, y) や (y, z, x) も正の向きと考える一方，$(y, x, z), (x, z, y), (z, y, x)$ は負の向きと考える．

$x = x_1, y = x_2, z = x_3$ と書き替えてみると，これは行列式の定義をするときに使う置換の符号の考え方と全く同じである．

$$\mathrm{sgn}\begin{pmatrix} 1 & 2 & 3 \\ 1 & 2 & 3 \end{pmatrix} = +1, \quad \mathrm{sgn}\begin{pmatrix} 1 & 2 & 3 \\ 2 & 3 & 1 \end{pmatrix} = +1,$$

$$\mathrm{sgn}\begin{pmatrix} 1 & 2 & 3 \\ 2 & 1 & 3 \end{pmatrix} = -1, \quad etc.$$

上記の積分の変数変換に戻って再び眺めてみると，変数変換

$$x = x(u,v), \quad y = y(u,v)$$

のヤコビ行列 $\dfrac{\partial(x,y)}{\partial(u,v)}$ は，面積要素の間の拡大比率のみだけでなく，変数変換による向きの変化をその符号で表していることが分かる．

曲面 S が
$$\boldsymbol{r}(u,v) = {}^t[x(u,v),\ y(u,v),\ z(u,v)] \quad ((u,v)\in D)$$
とパラメータ表示されているとき，パラメータ u,v の順番により向きが1つ定まる．曲面 S の法線ベクトルの一つは
$$\boldsymbol{n} = \frac{\partial \boldsymbol{r}}{\partial u} \times \frac{\partial \boldsymbol{r}}{\partial v}$$
で与えられるが，このベクトルの向きはパラメータ u,v の順番に依存する．すなわち，もしパラメータの順番を v,u とすると，対応する法線ベクトル $\boldsymbol{n}'$ は反対向き
$$\boldsymbol{n}' = -\boldsymbol{n}$$
となる．外積の定義により，$\dfrac{\partial \boldsymbol{r}}{\partial u}, \dfrac{\partial \boldsymbol{r}}{\partial v}, \boldsymbol{n}$ が右手系を成すことに注意しよう．

パラメータ u,v により向きの付いた曲面 S に対して，(局所的には) S は空間を2つの領域に分ける．ベクトル $\boldsymbol{n}$ のある側を**外向き**といい，反対側を**内向き**という．外向きの側から眺めた曲面が，正の向きであると考える．

面積分
$$\int_S f dA := \int_D f(\boldsymbol{x}(u,v)) \left| \frac{\partial \boldsymbol{x}}{\partial u}(u,v) \times \frac{\partial \boldsymbol{x}}{\partial v}(u,v) \right| dudv$$
は向きにも依らないが，流束積分
$$\int_S \boldsymbol{F} \cdot d\boldsymbol{A} = \int_D \boldsymbol{F}(\boldsymbol{x}(u,v)) \cdot \left(\frac{\partial \boldsymbol{x}}{\partial u}(u,v) \times \frac{\partial \boldsymbol{x}}{\partial v}(u,v) \right) dudv$$
のパラメータ非依存性は，正確には向きを保つパラメータの取替えに関して成立している．$\boldsymbol{F}\cdot\boldsymbol{n}$ が向きに依存していると言ってもよい．

例題 (外向きの単位法線ベクトル) 曲面 S
$$S:\ z = x^2 + y^2,\ 0 \leqq z \leqq 1$$
の向きをパラメータ (x,y) ($0\leqq x^2+y^2 \leqq 1$) の正の向きとするとき，外向き単位法線ベクトル $\boldsymbol{n}$ を求めよ．

解答 $\boldsymbol{r} = {}^t[x,y,z] = {}^t[x,y,x^2+y^2]$ とおく．すると，外向き法線ベクトルは

$$\frac{\partial \boldsymbol{r}}{\partial x} \times \frac{\partial \boldsymbol{r}}{\partial y} = \begin{bmatrix} 1 \\ 0 \\ 2x \end{bmatrix} \times \begin{bmatrix} 0 \\ 1 \\ 2y \end{bmatrix} = \begin{bmatrix} -2x \\ -2y \\ 1 \end{bmatrix}$$

であり，単位ベクトルに直すと，$(-2x)^2 + (-2y)^2 + 1 = 1 + 4z$ ゆえ

$$\boldsymbol{n} = \frac{1}{\sqrt{1+4z}} \begin{bmatrix} -2x \\ -2y \\ 1 \end{bmatrix} = \begin{bmatrix} -\dfrac{2x}{\sqrt{1+4z}} \\ -\dfrac{2y}{\sqrt{1+4z}} \\ \dfrac{1}{\sqrt{1+4z}} \end{bmatrix}$$

となる． □

★ Hodgepodge ★ 重積分・面積分の歴史

クレロー (1713–1765) は，1731 年に 2 つの柱面で囲まれる領域の体積と表面積を考察し，その面積要素を把握していた．

1760 年，ラグランジュは面素 dA を概念として捉えていた．1760 年には，グラフ $z = f(x,y)$ の表面積，それと xy 平面で囲まれる領域の体積を重積分を使い求めた．曲面 S の接平面の方向余弦を $(\cos\alpha, \cos\beta, \cos\gamma)$ とするとき，

$$dxdy = \cos\gamma \, dA, \quad dydz = \cos\alpha \, dA, \quad dzdx = \cos\beta \, dA$$

なることを指摘した．

1748 年の著書「無限解析入門」において，オイラーは空間曲線，空間曲面を扱った．また 1769 年には，彼は重積分における変数変換の法則を導出した．

1811 年出版のラグランジュの「解析力学」第 2 版においては面積分を導入して，流体力学に応用されている．

1813 年，ガウスは重力による回転楕円体の引力の考察で面積分を用い，面積要素 dA のパラメータ表示を得ていた．ガウスの公式は，発散定理とも呼ばれ，ガウス自身は特別な場合を示し，一般の場合は 1826 年にオストログラツキーが最初に証明した．

★ Hodgepodge ★　オイラー

Euler, Leonhard (1707–1783)

バーゼル (スイス) 生まれの 18 世紀最大の数学者. 1727 年からロシア科学アカデミーの会員として, サンクトペテルブルグで活動. 1741 年～1766 年にはベルリン科学アカデミーの数学教授となり, 1766 年以降, 再びサンクトペテルブルグで活躍する. 50 歳でほぼ全視力を失っても, 精力的な研究は衰えずに続いた.

彼は一生のうちに 500 以上の書物および論文を出版し, その死後も半世紀間, 彼の論文は刊行され続けた. 出版されている彼の全集は 75 巻に達しようとしているが, 未完である (The Euler Archive (http://eulerarchive.maa.org) 参照).

流体力学の創始者としてベクトル解析には大いに寄与した. 解析学, 整数論, 物理学や変分法に関する仕事の他に, トポロジー (位相幾何学) 誕生の「ケーニヒスベルクの橋の問題」やオイラーの多面体定理などがある.

章 末 問 題

問題 5.1 次の領域 D の面積 $A(D)$ を求めよ:

(i) 写像 $(x,y) = (u^2 - v^2, 2uv)$ による領域 D^* の像 D
$$D^* : 0 \leqq u,\ 0 \leqq v,\ u^2 + v^2 \leqq 1.$$

(ii) 曲線 (レムニスケート) で囲まれた領域 D
$$D : (x^2 + y^2)^2 = 2a^2(x^2 - y^2).$$

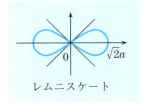

レムニスケート

問題 5.2 積分
$$\int_D xy\,dx\,dy$$
を計算せよ. ここで, 積分領域 D は次で与えられるものとする:
$$D = \{(x,y) = (4u, 2u+3v) \mid 0 \leqq u \leqq 1,\ 1 \leqq v \leqq 2\}$$

問題 5.3　次の曲面 S の面積 $A(S)$ を求めよ：
$$S : \boldsymbol{r} = {}^t\!\left[r\cos\theta,\ r\sin\theta,\ \frac{1}{2}r^2\right],\quad 0\leqq r\leqq a,\ 0\leqq\theta\leqq 2\pi$$

問題 5.4　次の面積分を計算せよ：
(i)　$\displaystyle\int_S x\,dA$　ここで，S は次に定義される曲面とする：
$$z = x^2 + y,\quad 0\leqq x\leqq 1,\ -1\leqq y\leqq 1$$
(ii)　$\displaystyle\int_S z^2\,dA$　ここで，S は単位球面 $x^2+y^2+z^2=1$ とする．

問題 5.5　次のヘリコイド (helicoid) の面積を求めよ：
$$(x,y,z) = (r\cos\theta, r\sin\theta, \theta),\ 0\leqq r\leqq 1,\ 0\leqq\theta\leqq 2\pi$$

問題 5.6　次の面積分 (流束積分) $\displaystyle\int_S \boldsymbol{F}\cdot d\boldsymbol{A}$ を計算せよ：
(i)　$\boldsymbol{F}(x,y,z) = (x,y,z)$ と $S: x^2+y^2+z^2=1,\ z\geqq 0$.
(ii)　$\boldsymbol{F}(x,y,z) = (x^2,y^2,z^2)$ と $S: z^2 = x^2+y^2,\ 1\leqq z\leqq 2$.
(iii)　$\boldsymbol{F}(x,y,z) = (x,y,-y)$ と $S: x^2+y^2=1,\ 0\leqq z\leqq 1$.

問題 5.7　次の面積分 (流束積分) $\displaystyle\int_S \boldsymbol{F}\cdot d\boldsymbol{A}$ をベクトル場 $\boldsymbol{F} = {}^t[x^3,0,0]$ に対して計算せよ．ここで，S は楕円体 (ellipsoid) の上半部分とする：
$$\frac{x^2}{a^2} + \frac{y^2}{b^2} + \frac{z^2}{c^2} = 1,\ z\geqq 0$$

問題 5.8　曲面 S は平面 $z=z_0$ に含まれているとする．C^∞ 級関数 $f(x,y,z)$ に対して $\displaystyle\int_S f(x,y,z)\,dy\,dz = 0$ であることを流束積分 $\displaystyle\int_S \boldsymbol{F}\cdot d\boldsymbol{A}$ の定義に基づいて示せ．

第6章 ベクトル場の回転とストークスの公式

第2章でベクトル場 F の回転
$$\operatorname{rot} F := \nabla \times F$$
を導入した．この章では回転の意味を説明し，また F の曲面上の領域の境界上の線積分と回転 $\operatorname{rot} F$ のその領域上の面積分とを結び付けるストークスの公式を証明する．

また，ベクトル場の流れとしての見方についてと回転との関係についても考察する．

■ 6.1 ストークスの公式

章および節の題名にあるストークスの公式とは次の公式である：
$$\int_S \operatorname{rot} F \cdot dA = \int_{\partial S} F \cdot dr$$

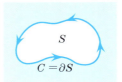

ここで，S は区分的に滑らかな曲面上の有界な閉領域であって，その境界 $\partial S =: C$ が区分的に滑らかな曲線である，と仮定する．また，ベクトル場 F は C^1 級であると仮定する．

この公式の証明は 6.3 節で行う．ここでは，ストークスの公式がグリーンの公式 (3.5 節) を含んでいることを説明しよう．

グリーンの公式 (3.5 節) の状況の xy 平面上の単純閉曲線 C で囲まれる領域を S とする．また，S を含む平面の領域で定義された C^1 級の関数 $f(x,y), g(x,y)$ に対して，
$$\tilde{f}(x,y,z) = f(x,y), \quad \tilde{g}(x,y,z) = g(x,y)$$

とおき，ベクトル場 $\boldsymbol{F}$ を $\boldsymbol{F} = {}^t[\tilde{f}, \tilde{g}, 0]$ と定める．このとき，ストークスの公式の右辺は

$$\int_{\partial S} \boldsymbol{F} \cdot d\boldsymbol{r} = \int_C \tilde{f} dx + \tilde{g} dy + 0 dz = \int_C f(x,y)dx + g(x,y)dy$$

となり，グリーンの公式の左辺に一致する．

$$\operatorname{rot} \boldsymbol{F} = {}^t\left[\frac{\partial 0}{\partial y} - \frac{\partial \tilde{g}}{\partial z}, \frac{\partial \tilde{f}}{\partial z} - \frac{\partial 0}{\partial x}, \frac{\partial \tilde{g}}{\partial x} - \frac{\partial \tilde{f}}{\partial y}\right]$$

となるが，S の単位法線ベクトルは ${}^t[0,0,1]$ であるので，ストークスの公式の左辺の被積分関数は，

$$\frac{\partial \tilde{g}}{\partial x} - \frac{\partial \tilde{f}}{\partial y}$$

となり，グリーンの公式の右辺に一致する．こうして，グリーンの公式がストークスの公式の特別な場合であることが確かめられた．

例題 (ストークスの公式の例証) S をヘリコイド (helicoid)

$$S : (x,y,z) = (r\cos\theta, r\sin\theta, \theta), \quad 0 \leqq r \leqq 1, \ 0 \leqq \theta \leqq \frac{\pi}{2}$$

とする．ベクトル場 $\boldsymbol{F}(x,y,z) = {}^t[z,x,y]$ を考える．このとき，ストークスの公式が成り立つことを公式の両辺を直接計算して確かめよ．

解答 境界を $\partial S = C_1 + C_2 + C_3 + C_4$ と分ける．ただし，

$C_1 : \theta = 0, \ 0 \leqq r \leqq 1, \quad C_2 : r = 1, \ 0 \leqq \theta \leqq \frac{\pi}{2}$

$\overline{C_3} : \theta = \frac{\pi}{2}, \ 0 \leqq r \leqq 1, \quad \overline{C_4} : r = 0, \ 0 \leqq \theta \leqq \frac{\pi}{2}$

とする．C_3, C_4 の向きは，$\overline{C_3}, \overline{C_4}$ の向きと反対である．C_1, C_3 では r を，C_2, C_4 では θ をパラメータにすればよい．

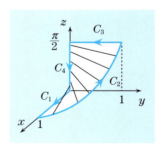

$$\boldsymbol{r}_r = \frac{\partial}{\partial r}\boldsymbol{r} = {}^t[\cos\theta, \sin\theta, 0], \quad \boldsymbol{r}_\theta = \frac{\partial}{\partial \theta}\boldsymbol{r} = {}^t[-r\sin\theta, r\cos\theta, 1]$$

ゆえ,

$$r_r = {}^t[1,0,0] \quad \text{on } C_1, \qquad r_r = {}^t[0,1,0] \quad \text{on } C_3,$$
$$r_\theta = {}^t[-\sin\theta, \cos\theta, 1] \quad \text{on } C_2, \qquad r_\theta = {}^t[0,0,1] \quad \text{on } C_4$$

となるから,

$$\int_{C_1} \boldsymbol{F}\cdot d\boldsymbol{r} = \int_0^1 z\,dr = 0, \qquad \int_{\overline{C_3}} \boldsymbol{F}\cdot d\boldsymbol{r} = \int_0^1 x\,dr = 0$$
$$\int_{C_2} \boldsymbol{F}\cdot d\boldsymbol{r} = \int_0^{\pi/2}(-\theta\sin\theta + \cos^2\theta + \sin\theta)d\theta = \frac{\pi}{4}, \qquad \int_{\overline{C_4}} \boldsymbol{F}\cdot d\boldsymbol{r} = \int_0^{\pi/2} y\,d\theta = 0$$

である. したがって, $\int_{\partial S} \boldsymbol{F}\cdot d\boldsymbol{r} = \dfrac{\pi}{4}$ となる.

他方, $\operatorname{rot}\boldsymbol{F} = {}^t[1,1,1]$ である. また,

$$d\boldsymbol{A} = \frac{\partial \boldsymbol{r}}{\partial r} \times \frac{\partial \boldsymbol{r}}{\partial \theta} dr\,d\theta = \begin{bmatrix} \cos\theta \\ \sin\theta \\ 0 \end{bmatrix} \times \begin{bmatrix} -r\sin\theta \\ r\cos\theta \\ 1 \end{bmatrix} dr\,d\theta = \begin{bmatrix} \sin\theta \\ -\cos\theta \\ r \end{bmatrix} dr\,d\theta$$

となるから, 面積分の方は

$$\int_S (\operatorname{rot}\boldsymbol{F})\cdot d\boldsymbol{A} = \int_S (\sin\theta - \cos\theta + r)\,dr\,d\theta = \frac{\pi}{4}$$

となる. よって, ストークスの公式が成り立つことが確かめられた. □

■ 6.2 ベクトル場の回転の意味

面積分の積分領域として小さな平行四辺形の場合を考えてみよう. 点 P_0 を始点とする空間ベクトル $\boldsymbol{a}, \boldsymbol{b}$ を固定する (点 P_0 の位置ベクトルは $\boldsymbol{p}_0$ とする). ε を小さな正数とする. S を $\varepsilon\boldsymbol{a}$ と $\varepsilon\boldsymbol{b}$ が張る平行四辺形 $P(\varepsilon)$ とする.

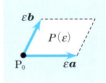

$P(\varepsilon)$ が微小ならば, 面積分 $\displaystyle\int_S \operatorname{rot}\boldsymbol{F}\cdot d\boldsymbol{A}$ は $o(\varepsilon^2)$ の誤差を除き,

$$\varepsilon^2\bigl(\operatorname{rot}\boldsymbol{F}(\boldsymbol{p}_0)\cdot(\boldsymbol{a}\times\boldsymbol{b})\bigr)$$

で近似される.

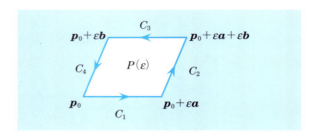

図の通り，$\partial S = C_1 + C_2 + C_3 + C_4$ と分割する．各 C_i $(i=1,2,3,4)$ は

$$C_1: \boldsymbol{r}(t_1) = \boldsymbol{p}_0 + t_1(\varepsilon\boldsymbol{a}) \qquad (0 \leqq t_1 \leqq 1)$$
$$C_2: \boldsymbol{r}(t_2) = \boldsymbol{p}_0 + \varepsilon\boldsymbol{a} + t_2(\varepsilon\boldsymbol{b}) \qquad (0 \leqq t_2 \leqq 1)$$
$$C_3: \boldsymbol{r}(t_3) = \boldsymbol{p}_0 + \varepsilon\boldsymbol{a} + \varepsilon\boldsymbol{b} + t_3(-\varepsilon\boldsymbol{a}) \qquad (0 \leqq t_3 \leqq 1)$$
$$C_4: \boldsymbol{r}(t_4) = \boldsymbol{p}_0 + \varepsilon\boldsymbol{b} + t_4(-\varepsilon\boldsymbol{b}) \qquad (0 \leqq t_4 \leqq 1)$$

とパラメータ表示される．各 C_i 上で被積分関数 $\boldsymbol{F} \cdot \dfrac{d\boldsymbol{r}}{dt}$ は，

$$C_1: \boldsymbol{F}(\boldsymbol{p}_0 + t_1\varepsilon\boldsymbol{a}) \cdot (\varepsilon\boldsymbol{a})$$
$$= \bigl(\boldsymbol{F}(\boldsymbol{p}_0) + J(\boldsymbol{F})_{\boldsymbol{p}_0}\varepsilon(t_1\boldsymbol{a})\bigr) \cdot (\varepsilon\boldsymbol{a}) + o(\varepsilon^2)$$
$$C_2: \boldsymbol{F}(\boldsymbol{p}_0 + \varepsilon\boldsymbol{a} + t_2\varepsilon\boldsymbol{b}) \cdot (\varepsilon\boldsymbol{b})$$
$$= \bigl(\boldsymbol{F}(\boldsymbol{p}_0) + J(\boldsymbol{F})_{\boldsymbol{p}_0}\varepsilon(\boldsymbol{a} + t_2\boldsymbol{b})\bigr) \cdot (\varepsilon\boldsymbol{b}) + o(\varepsilon^2)$$
$$C_3: \boldsymbol{F}(\boldsymbol{p}_0 + \varepsilon\boldsymbol{a} + \varepsilon\boldsymbol{b} + t_3(-\varepsilon\boldsymbol{a})) \cdot (-\varepsilon\boldsymbol{a})$$
$$= \bigl(\boldsymbol{F}(\boldsymbol{p}_0) + J(\boldsymbol{F})_{\boldsymbol{p}_0}\varepsilon((1-t_3)\boldsymbol{a} + \boldsymbol{b})\bigr) \cdot (-\varepsilon\boldsymbol{a}) + o(\varepsilon^2)$$
$$C_4: \boldsymbol{F}(\boldsymbol{p}_0 + \varepsilon\boldsymbol{b} + t_4(-\varepsilon\boldsymbol{b})) \cdot (\varepsilon\boldsymbol{b})$$
$$= \bigl(\boldsymbol{F}(\boldsymbol{p}_0) + J(\boldsymbol{F})_{\boldsymbol{p}_0}\varepsilon(1-t_4)\boldsymbol{b}\bigr) \cdot (-\varepsilon\boldsymbol{b}) + o(\varepsilon^2)$$

となる．したがって，各 C_i 上での線積分は，ベクトル場の一次近似を用いて

$$C_1: \int_{C_1} \boldsymbol{F} \cdot d\boldsymbol{r} = \varepsilon\boldsymbol{F}(\boldsymbol{p}_0) \cdot \boldsymbol{a} + \frac{1}{2}\varepsilon^2 \bigl(J(\boldsymbol{F})_{\boldsymbol{p}_0}\boldsymbol{a}\bigr) \cdot \boldsymbol{a} + o(\varepsilon^2)$$
$$C_2: \int_{C_2} \boldsymbol{F} \cdot d\boldsymbol{r} = \varepsilon\boldsymbol{F}(\boldsymbol{p}_0) \cdot \boldsymbol{b} + \varepsilon^2 \left\{\bigl(J(\boldsymbol{F})_{\boldsymbol{p}_0}\boldsymbol{a}\bigr) \cdot \boldsymbol{b} + \frac{1}{2}\bigl(J(\boldsymbol{F})_{\boldsymbol{p}_0}\boldsymbol{b}\bigr) \cdot \boldsymbol{b}\right\} + o(\varepsilon^2)$$

6.2 ベクトル場の回転の意味

$$C_3: \int_{C_3} \boldsymbol{F} \cdot d\boldsymbol{r} = -\varepsilon \boldsymbol{F}(\boldsymbol{p}_0) \cdot \boldsymbol{a} + \varepsilon^2 \left\{ -\left(J(\boldsymbol{F})_{\boldsymbol{p}_0}\boldsymbol{b}\right) \cdot \boldsymbol{a} - \frac{1}{2}\left(J(\boldsymbol{F})_{\boldsymbol{p}_0}\boldsymbol{a}\right) \cdot \boldsymbol{a} \right\} + o(\varepsilon^2)$$

$$C_4: \int_{C_4} \boldsymbol{F} \cdot d\boldsymbol{r} = -\varepsilon \boldsymbol{F}(\boldsymbol{p}_0) \cdot \boldsymbol{b} + \varepsilon^2 \left\{ -\frac{1}{2}\left(J(\boldsymbol{F})_{\boldsymbol{p}_0}\boldsymbol{b}\right) \cdot \boldsymbol{b} \right\} + o(\varepsilon^2)$$

となる．したがって，

$$\int_{\partial P(\varepsilon)} \boldsymbol{F} \cdot d\boldsymbol{r} = \varepsilon^2 \left\{ \left(J(\boldsymbol{F})_{\boldsymbol{p}_0}\boldsymbol{a}\right) \cdot \boldsymbol{b} - \left(J(\boldsymbol{F})_{\boldsymbol{p}_0}\boldsymbol{b}\right) \cdot \boldsymbol{a} \right\} + o(\varepsilon^2)$$

を得る．内積 $\cdot$ を行列の積で表すと $(J\boldsymbol{a})\cdot\boldsymbol{b} = {}^t[J\boldsymbol{a}]\boldsymbol{b} = {}^t[\boldsymbol{a}][{}^tJ\boldsymbol{b}] = [{}^tJ\boldsymbol{b}]\cdot\boldsymbol{a}$ であることが分かるから，

$$\int_{\partial P(\varepsilon)} \boldsymbol{F} \cdot d\boldsymbol{r} = \varepsilon^2 \left\{ \left(J(\boldsymbol{F})_{\boldsymbol{p}_0}\boldsymbol{a}\right) \cdot \boldsymbol{b} - \left[{}^tJ(\boldsymbol{F})_{\boldsymbol{p}_0}\boldsymbol{a}\right] \cdot \boldsymbol{b} \right\} + o(\varepsilon^2)$$
$$= \varepsilon^2 \left\{ \left[(J(\boldsymbol{F})_{\boldsymbol{p}_0} - {}^tJ(\boldsymbol{F})_{\boldsymbol{p}_0})\boldsymbol{a}\right] \cdot \boldsymbol{b} \right\} + o(\varepsilon^2)$$

となる．

さて，$J(\boldsymbol{F})_{\boldsymbol{p}_0}$ を $\boldsymbol{F}$ の成分関数で表示してみる：

$$J(\boldsymbol{F})_{\boldsymbol{p}_0} = \begin{bmatrix} \dfrac{\partial f_1}{\partial x} & \dfrac{\partial f_1}{\partial y} & \dfrac{\partial f_1}{\partial z} \\ \dfrac{\partial f_2}{\partial x} & \dfrac{\partial f_2}{\partial y} & \dfrac{\partial f_2}{\partial z} \\ \dfrac{\partial f_3}{\partial x} & \dfrac{\partial f_3}{\partial y} & \dfrac{\partial f_3}{\partial z} \end{bmatrix}$$

これから，$J(\boldsymbol{F})_{\boldsymbol{p}_0} - {}^tJ(\boldsymbol{F})_{\boldsymbol{p}_0}$ を求めてみると，

$$J(\boldsymbol{F})_{\boldsymbol{p}_0} - {}^tJ(\boldsymbol{F})_{\boldsymbol{p}_0} = \begin{bmatrix} 0 & \dfrac{\partial f_1}{\partial y} - \dfrac{\partial f_2}{\partial x} & \dfrac{\partial f_1}{\partial z} - \dfrac{\partial f_3}{\partial x} \\ -\dfrac{\partial f_1}{\partial y} + \dfrac{\partial f_2}{\partial x} & 0 & \dfrac{\partial f_2}{\partial z} - \dfrac{\partial f_3}{\partial y} \\ -\dfrac{\partial f_1}{\partial z} + \dfrac{\partial f_3}{\partial x} & -\dfrac{\partial f_2}{\partial z} + \dfrac{\partial f_3}{\partial y} & 0 \end{bmatrix}$$

$$\left[(J(\boldsymbol{F})_{\boldsymbol{p}_0} - {}^tJ(\boldsymbol{F})_{\boldsymbol{p}_0})\boldsymbol{a}\right] \cdot \boldsymbol{b}$$

$$= \begin{bmatrix} -\left(\dfrac{\partial f_2}{\partial x} - \dfrac{\partial f_1}{\partial y}\right)a_2 + \left(\dfrac{\partial f_1}{\partial z} - \dfrac{\partial f_3}{\partial x}\right)a_3 \\ \left(-\dfrac{\partial f_1}{\partial y} + \dfrac{\partial f_2}{\partial x}\right)a_1 - \left(\dfrac{\partial f_3}{\partial y} - \dfrac{\partial f_2}{\partial z}\right)a_3 \\ -\left(\dfrac{\partial f_1}{\partial z} - \dfrac{\partial f_3}{\partial x}\right)a_1 + \left(\dfrac{\partial f_3}{\partial y} - \dfrac{\partial f_2}{\partial z}\right)a_2 \end{bmatrix} \cdot \begin{bmatrix} b_1 \\ b_2 \\ b_3 \end{bmatrix}$$

$$= \left(\dfrac{\partial f_3}{\partial y} - \dfrac{\partial f_2}{\partial z}\right)(a_2 b_3 - a_3 b_2) + \left(\dfrac{\partial f_1}{\partial z} - \dfrac{\partial f_3}{\partial x}\right)(a_3 b_1 - a_1 b_3)$$

$$+ \left(-\dfrac{\partial f_1}{\partial y} + \dfrac{\partial f_2}{\partial x}\right)(a_1 b_2 - a_2 b_1)$$

となり，従って

$$\int_{\partial P(\varepsilon)} \boldsymbol{F} \cdot d\boldsymbol{r} = \varepsilon^2 \{\mathrm{rot}\ \boldsymbol{F}(\boldsymbol{p}_0) \cdot (\boldsymbol{a} \times \boldsymbol{b})\} + o(\varepsilon^2)$$

を得る．これより，微小の平行四辺形においてストークスの公式が成立しており，また，rot $\boldsymbol{F}(\boldsymbol{p}_0)$ が微小の平行四辺形での**循環**の度合いを示す量であることが分かる．

例題 (循環) 次の2つの曲面の交わりとして得られる曲線 C

$$C: x^2 + y^2 = 1, \quad x + y + z = 1$$

に関する循環 (積分)

$$\int_C -y^3 dx + x^3 dy - z^3 dz$$

を求めよ．

解答 $\boldsymbol{F} = {}^t[-y^3,\ x^3,\ -z^3]$ とおくと，この積分は $\int_C \boldsymbol{F} \cdot d\boldsymbol{r}$ と表せる．S を平面 $x + y + z = 1$ 内の曲線 C で囲まれた領域とする：

$$S: x^2 + y^2 \leqq 1, \quad x + y + z = 1$$

$\partial S = C$ であり rot $\boldsymbol{F} = {}^t[0,\ 0,\ 3x^2 + 3y^2]$ となるから，ストークスの公式により，

$$\int_{\partial S} \boldsymbol{F} \cdot d\boldsymbol{r} = \int_S (\mathrm{rot}\ \boldsymbol{F}) \cdot d\boldsymbol{A} = 3\int_0^1 \int_0^{2\pi} r^2 \cdot r\,dr\,d\theta = \dfrac{3\pi}{2}$$

となる．ここで，S のパラメータ表示

$$x = r\cos\theta,\ y = r\sin\theta \quad (0 \leqq r \leqq 1,\ 0 \leqq \theta \leqq 2\pi)$$

を使った． □

ちなみに，$\boldsymbol{p}_0 \in S$ として，

$$J(\boldsymbol{F})_{\boldsymbol{p}_0} = \begin{bmatrix} 0 & -3y^2 & 0 \\ 3x^2 & 0 & 0 \\ 0 & 0 & -3z^2 \end{bmatrix}$$

$$J(\boldsymbol{F})_{\boldsymbol{p}_0} - {}^t J(\boldsymbol{F})_{\boldsymbol{p}_0} = \begin{bmatrix} 0 & -(3x^2 + 3y^2) & 0 \\ 3x^2 + 3y^2 & 0 & 0 \\ 0 & 0 & 0 \end{bmatrix}$$

となる．

6.3 ストークスの公式の証明

まず方針を説明しよう．ストークスの公式の証明は，次の2ステップからなる：

(1) ストークスの公式の両辺

$$\int_S \mathrm{rot}\ \boldsymbol{F} \cdot d\boldsymbol{A} = \int_{\partial S} \boldsymbol{F} \cdot d\boldsymbol{r}$$

は領域 S について加法的である，すなわち，図の通りに $S = S_1 \cup S_2$ という具合に分割されているとき，

$$\int_S \mathrm{rot}\ \boldsymbol{F} \cdot d\boldsymbol{A} = \int_{S_1} \mathrm{rot}\ \boldsymbol{F} \cdot d\boldsymbol{A} + \int_{S_2} \mathrm{rot}\ \boldsymbol{F} \cdot d\boldsymbol{A}$$

$$\int_{\partial S} \boldsymbol{F} \cdot d\boldsymbol{r} = \int_{\partial S_1} \boldsymbol{F} \cdot d\boldsymbol{r} + \int_{\partial S_2} \boldsymbol{F} \cdot d\boldsymbol{r}$$

S の分割

であることを確かめる．すると，曲面 S の形状が特別な場合に帰着させられる．

(2) 曲面 S がグラフの場合を考え，グリーンの公式に帰着させる．

ステップ 1 (積分の加法性)

左辺の面積分 $\int_S \operatorname{rot} \boldsymbol{F} \cdot d\boldsymbol{A}$ は明らかに加法的である．一方，境界を $\partial S_1 = C_1 + C_*$, $\partial S_2 = C_2 + \overline{C_*}$ と分けると，

$$\int_{\partial S_1} \boldsymbol{F} \cdot d\boldsymbol{r} = \int_{C_1} \boldsymbol{F} \cdot d\boldsymbol{r} + \int_{C_*} \boldsymbol{F} \cdot d\boldsymbol{r}$$

$$\int_{\partial S_2} \boldsymbol{F} \cdot d\boldsymbol{r} = \int_{C_2} \boldsymbol{F} \cdot d\boldsymbol{r} + \int_{\overline{C_*}} \boldsymbol{F} \cdot d\boldsymbol{r}$$

$$= \int_{C_2} \boldsymbol{F} \cdot d\boldsymbol{r} - \int_{C_*} \boldsymbol{F} \cdot d\boldsymbol{r}$$

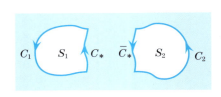

となり，これから直ちに右辺の線積分の加法性が従う．

ステップ 2 (グラフ上の領域の場合)

S を十分小さく分割すると，一つ一つはグラフの形に書ける領域であるとしてよい．そこで，S が

$$S : \boldsymbol{r}(x,y) = {}^t[x, y, h(x,y)] \qquad (x,y) \in D$$

とパラメータ表示される場合を考える．ここで，D は xy 平面上の領域で，$h(x,y)$ は D 上定義された C^1 級関数とする．第 4 章でみた通り，

$$d\boldsymbol{A} = {}^t[-h_x, -h_y, 1]dxdy$$

となるから，S の上記のパラメータ表示でストークスの公式の面積分を計算すると

$$\int_S \operatorname{rot} \boldsymbol{F} \cdot d\boldsymbol{A}$$
$$= \int_D \{(\partial_y f_3 - \partial_z f_2)(-h_x) + (\partial_z f_1 - \partial_x f_3)(-h_y) + (\partial_x f_2 - \partial_y f_1)\}dxdy$$

となる．ここで，$\dfrac{\partial f_3}{\partial x}$ を $\partial_x f_3$ と，$\dfrac{\partial h}{\partial x}$ を h_x などと略記した．一方，ストークスの公式の線積分は

$$\int_{\partial S} \boldsymbol{F} \cdot d\boldsymbol{r} = \int_{\partial S} f_1 dx + f_2 dy + f_3 dz$$
$$= \int_{\partial D} f_1(x,y,h(x,y))dx + f_2(x,y,h(x,y))dy + f_3(x,y,h(x,y))dz$$

となる．S 上で $z = h(x,y)$ より $dz = h_x dx + h_y dy$ であるから，

$$= \int_{\partial D} (f_1 + f_3 h_x) dx + (f_2 + f_3 h_y) dy$$

となるが，グリーンの公式により

$$= \int_D \left\{ \frac{\partial}{\partial x}(f_2 + f_3 h_y) - \frac{\partial}{\partial y}(f_1 + f_3 h_x) \right\} dxdy$$

$$= \int_D \Big\{ (\partial_x f_2 + \partial_x f_3 \cdot h_y + f_3 h_{xy} + \partial_z f_2 \cdot h_x + \partial_z f_3 \cdot h_y h_x)$$

$$- (\partial_y f_1 + \partial_y f_3 \cdot h_x + f_3 h_{yx} + \partial_z f_1 \cdot h_y + \partial_z f_3 \cdot h_x h_y) \Big\} dxdy$$

となる．これはストークスの公式の面積分と一致する．

6.4 流れとしてのベクトル場と回転

$\boldsymbol{F}$ を 3 次元空間の領域 Ω で定義された C^1 級のベクトル場として，$\boldsymbol{x}(t_0) = \boldsymbol{p}$ であり

$$(\#) \qquad \frac{d\boldsymbol{x}(t)}{dt} = \boldsymbol{F}(\boldsymbol{x}(t))$$

を満たす曲線 $\boldsymbol{x}(t)$ ($t \in (t_1, t_2)$) をベクトル場 $\boldsymbol{F}$ の初期値 $\boldsymbol{p}$ の積分曲線というのであった．

2.4 節では，常微分方程式の初期値に関する微分可能性の定理により，方程式 (#) の解 $\boldsymbol{x}(t, \boldsymbol{p})$ は一意的に存在し，しかもその解は初期値について C^1 級である，と述べた．

この $\boldsymbol{x}(t, \boldsymbol{p})$ を $\boldsymbol{p}$ の関数とみたものが流体の位置ベクトル (場) に他ならない．

簡単のため，$t_0 = 0$ として点 $(0, \boldsymbol{p}_0)$ の近傍での解 $\boldsymbol{x}(t, \boldsymbol{p})$ の振る舞いを調べよう．まず，$\boldsymbol{x}(t, \boldsymbol{p})$ の t に関する微分可能性より

$$\boldsymbol{x}(t, \boldsymbol{p}) = \boldsymbol{p} + t \frac{d\boldsymbol{x}}{dt}(0) + o(t) = \boldsymbol{p} + t\boldsymbol{F}(\boldsymbol{p}) + o(t)$$

である．$\boldsymbol{p} = \boldsymbol{p}_0$ の場合も成立している：

$$\boldsymbol{x}(t, \boldsymbol{p}_0) = \boldsymbol{p}_0 + t\boldsymbol{F}(\boldsymbol{p}_0) + o(t)$$

ゆえに，

$$\bm{x}(t,\bm{p}) - \bm{x}(t,\bm{p}_0) = \bm{p} - \bm{p}_0 + t\bigl(\bm{F}(\bm{p}) - \bm{F}(\bm{p}_0)\bigr) + o(t)$$
$$= \bm{p} - \bm{p}_0 + tJ(\bm{F})_{\bm{p}_0}(\bm{p} - \bm{p}_0) + o(t) + o(t|\bm{p} - \bm{p}_0|)$$

となる．ここで，ベクトル場 $\bm{F}$ の一次近似の式 $\bm{F}(\bm{p}) = \bm{F}(\bm{p}_0) + J(\bm{F})_{\bm{p}_0}(\bm{p} - \bm{p}_0) + o(|\bm{p} - \bm{p}_0|)$ を利用した．従って，

$$\bm{x}(t,\bm{p}) = \bm{x}(t,\bm{p}_0) + (\bm{p} - \bm{p}_0) + tJ(\bm{F})_{\bm{p}_0}(\bm{p} - \bm{p}_0) + o(t) + o(t|\bm{p} - \bm{p}_0|)$$

となる．一方，$\bm{x}(t,\bm{p})$ の $\bm{p}$ に関する微分可能性より

$$\bm{x}(t,\bm{p}) = \bm{x}(t,\bm{p}_0) + J\bigl(\bm{x}(t,\bm{p})\bigr)_{\bm{p}_0}(\bm{p} - \bm{p}_0) + o(|\bm{p} - \bm{p}_0|)$$

であるから，比較して

$$J\bigl(\bm{x}(t,\bm{p})\bigr)_{\bm{p}_0} = I + tJ(\bm{F})_{\bm{p}_0} + o(t)$$

を得る (I は単位行列)．

さて，流体の位置ベクトル場としての $\bm{x}(t,\bm{p})$ は，時刻 $t_0 = 0$ から t だけ後の流体を表すので，そのヤコビ行列 $J\bigl(\bm{x}(t,\bm{p})\bigr)_{\bm{p}_0}$ は変化の比率を表す行列である．単位行列からのずれを表す $J = J(\bm{F})_{\bm{p}_0}$ を対称な成分と反対称な成分とに分解してみる：

$$J = S + A, \quad S = \frac{1}{2}(J + {}^tJ), \quad A = \frac{1}{2}(J - {}^tJ)$$

ここで，S は対称行列，A は交代行列である．これに対応して，$\bm{x}(t,\bm{p})$ の一次近似 $I + tJ$ も

$$I + tJ = I + t(S + A) = (I + tS)(I + tA) + o(t)$$

と分解する．$I + tS$ は明らかに対称行列であり，$I + tA$ は直交行列に近似的に等しい：

$${}^t[I + tA][I + tA] = [I - tA][I + tA] = I - t^2A = I + o(t)$$

交代行列 A のトレースは $\operatorname{tr}(A) = 0$ だから，$\det[I+tA] = 1 + t\operatorname{tr}(A) + o(t) = 1 + o(t)$ となる．行列式が 1 の直交行列は空間での回転であるから，$I + tA$ は $\bm{x}(t,\bm{p})$ の一次近似 $I + tJ$ の微小な回転に相当する成分をとり出していることになる．6.2 節でみた通り，$\Omega = J - {}^tJ = 2A$ はベクトル場の回転 $(\operatorname{rot}\bm{F})(\bm{p}_0)$ と対応していた．

6.4 流れとしてのベクトル場と回転

1.4 節 p.7 の問 (iii) と次の例題により，Ω は rot $\boldsymbol{F}(\boldsymbol{p}_0)$ の方向を回転軸とする微小な回転を表す行列である．また，角速度は $(1/2)|\text{rot}\,\boldsymbol{F}(\boldsymbol{p}_0)|$ である．物理ではこの微小な回転のことを渦と呼ぶ．rot $\boldsymbol{F}(\boldsymbol{p}_0) = 0$ のとき $\boldsymbol{p}_0$ は渦なしの点といわれる．

例題（**回転運動と rot**）　回転速度 ω の回転を考える．回転軸は原点を通りベクトル $\boldsymbol{a}$ に平行な直線とする．$|\boldsymbol{a}| = \omega$ であるとする．時刻 $t = 0$ で $\boldsymbol{p}$ の位置にある流れ $\boldsymbol{x}(t, \boldsymbol{p})$ の速度場を

$$\boldsymbol{F}(\boldsymbol{p}) = \left.\frac{d\boldsymbol{x}(t,\boldsymbol{p})}{dt}\right|_{t=0}$$

とするとき，次の等式を示せ：
(i) $\boldsymbol{F}(\boldsymbol{p}) = \boldsymbol{a} \times \boldsymbol{p}$． (ii) rot $\boldsymbol{F} = 2\boldsymbol{a}$．
また，$J = J(\boldsymbol{F})_{\boldsymbol{p}}$ の対称な成分 S と反対称な成分 A は，

$$S = 0, \quad A = \begin{bmatrix} 0 & -\omega & 0 \\ \omega & 0 & 0 \\ 0 & 0 & 0 \end{bmatrix}$$

となる．

解答　(i) 3 次元空間の座標を $\boldsymbol{a} = {}^t[0, 0, \omega]$ となるように選ぶ．すなわち，z 軸を軸とする xy 平面での回転の場合を考える．すると，

$$\boldsymbol{x}(t, \boldsymbol{p}) = R(t)\boldsymbol{p}, \quad R(t) = \begin{bmatrix} \cos\omega t & -\sin\omega t & 0 \\ \sin\omega t & \cos\omega t & 0 \\ 0 & 0 & 1 \end{bmatrix}$$

となるから，速度場は

$$\boldsymbol{F}(\boldsymbol{p}) = \left.\frac{d\boldsymbol{x}(t)}{dt}\right|_{t=0} = \left.\frac{dR(t)}{dt}\boldsymbol{p}\right|_{t=0}$$

$$= \left.\begin{bmatrix} -\omega\sin\omega t & -\omega\cos\omega t & 0 \\ \omega\cos\omega t & -\omega\sin\omega t & 0 \\ 0 & 0 & 0 \end{bmatrix}\right|_{t=0} \boldsymbol{p} = \begin{bmatrix} 0 & -\omega & 0 \\ \omega & 0 & 0 \\ 0 & 0 & 0 \end{bmatrix}\boldsymbol{p}$$

簡単な計算（p.7 の問 (iii) 参照）で

$$F(p) = \begin{bmatrix} 0 \\ 0 \\ \omega \end{bmatrix} \times p = a \times p$$

が確かめられる.

(ii) $p = {}^t[x, y, z]$ として,

$$F(p) = a \times p = \begin{bmatrix} 0 \\ 0 \\ \omega \end{bmatrix} \times \begin{bmatrix} x \\ y \\ z \end{bmatrix} = \begin{bmatrix} -\omega y \\ \omega x \\ 0 \end{bmatrix}$$

となるから,

$$\operatorname{rot} F(p) = \begin{bmatrix} 0 \\ 0 \\ \dfrac{\partial(\omega x)}{\partial x} - \dfrac{\partial(-\omega y)}{\partial y} \end{bmatrix} = \begin{bmatrix} 0 \\ 0 \\ 2\omega \end{bmatrix} = 2a$$

を得る.

$$J = J(F)_p = \begin{bmatrix} 0 & -\omega & 0 \\ \omega & 0 & 0 \\ 0 & 0 & 0 \end{bmatrix}$$

であるから, $J = J(F)_p$ の対称な成分と反対称な成分は上記の通りである. □

注意 上でしたように 3 次元空間の直交座標を特別なものにとり替えることは直交座標変換でいつでもできる. 直交行列 S で

$$Sa = {}^t[0, 0, \omega]$$

となったとすると,

$$x(t, p) = S^{-1} R(t) S p, \quad F(p) = \left. \dfrac{dx(t)}{dt} \right|_{t=0} = a \times p$$

などが直接確かめられる (章末問題 6.6 参照).

Hodgepodge ★ 完全流体の方程式

完全流体，または理想流体 (その運動を特徴付けるのに，熱や粘性によるエネルギーの散逸が無視できる流体) の運動の法則を表すのが，1775 年に定式化された次のオイラーの方程式である：

$$\frac{\partial \boldsymbol{u}}{\partial t} + (\boldsymbol{u} \cdot \nabla)\boldsymbol{u} = \boldsymbol{F} - \frac{1}{\rho}\nabla p$$

ここで，ρ, $\boldsymbol{u}$, p はそれぞれ，ある位置と時刻における流体の密度，速度，圧力であり，$\boldsymbol{F}$ は外力 (たとえば重力など) である．

Hodgepodge ★ ストークス

Stokes, George Gabriel (1819–1903)

スクリーン (アイルランド) 生まれで，1837 年にケンブリッジ大学 (英国) に入学し，1849 年以降は同大学でルーカス数学講座の教授を勤めた．流体力学，光学，特に粘性流体中の物質の運動，弾性波動論などを研究する．1850 年 7 月，友人のトムソン (ケルヴィン卿，1824–1907) がストークスに書き送った手紙の中にストークスの定理が述べられていた，ということである．

Hodgepodge ★ ナヴィエ-ストークスの方程式

粘性をもつ流体の運動を記述する非線形微分方程式であり，運動量の保存則に基づいて，アンリ・ナヴィエ (1785–1836) とストークスによって導かれた．

$$\rho\left(\frac{\partial \boldsymbol{u}}{\partial t} + (\boldsymbol{u} \cdot \nabla)\boldsymbol{u}\right)$$
$$= -\nabla p + \mu\left(\nabla^2 \boldsymbol{u} + \frac{1}{3}\nabla(\nabla \cdot \boldsymbol{u})\right) + \rho\boldsymbol{F}$$

ここで, $\rho, \boldsymbol{u}, p, \mu$ はそれぞれ, ある位置と時刻における流体の密度, 速度, 圧力, 粘性率であり, $\boldsymbol{F}$ は外力 (たとえば重力など) である. 左辺は運動量の時間的・空間的変化を表し, 右辺は圧力および粘性による運動量輸送を表している. 質量保存則である連続の方程式

$$\nabla(\rho \boldsymbol{u}) + \frac{\partial \rho}{\partial t} = 0$$

とともに, 流体の運動を記述する流体力学の基礎方程式である.

そよ風も乱気流も, ナヴィエ–ストークスの方程式の解を理解することで説明できることが期待されるが, 理論的な理解は進んでいない. 数値的なシミュレーションによって, 流体の挙動の予測へ応用されている.

クレイ数学研究所のミレニアム懸賞問題 (http://www.claymath.org/millennium-problems) の一つとなっている. 条件 $\operatorname{div} \boldsymbol{u} = \nabla \boldsymbol{u} = 0$, $\boldsymbol{F} = \boldsymbol{0}$ の下で, 解の存在と正則性を示すこと, もしくは解の非存在を示すこと, が求められていて, 成功した者には 100 万ドルの賞金が与えられる.

章 末 問 題

問題 6.1 S を $x^2 + y^2 = a^2$, $z = 0$, $z = 1$ $(a > 0)$ で囲まれた領域の表面とする. このとき, 次の面積分を求めよ:

$$\int_S (x-z)dydz + (y-x)dzdx + (z-y)dxdy$$

問題 6.2 (i) $\operatorname{grad} f = {}^t[2x \cos y, -x^2 \sin y]$ となる関数 $f = f(x, y)$ をみつけよ.

(ii) 線積分 $\displaystyle\int_C 2x \cos y \, dx - x^2 \sin y \, dy$ を求めよ. ここで, C は曲線 $C : (x, y) = \left(e^{t-1}, \sin \dfrac{\pi}{t}\right)$ を表すものとする.

問題 6.3 ストークスの公式を使って, 次のベクトル場 $\boldsymbol{G}$ と曲面 S について, 積分 $\displaystyle\int_S (\operatorname{rot} \boldsymbol{G}) \cdot d\boldsymbol{A}$ を求めよ:

(i) $\boldsymbol{G}(x, y, z) = {}^t[y, -x, x^3 y^2 z]$ と $S : x^2 + y^2 + 3z^2 = 1$, $z \leqq 0$.

(ii) $\boldsymbol{G}(x, y, z) = {}^t[x^2 + y - 4, 3xy, 2xz + z^2]$ と $S : x^2 + y^2 + z^2 = 16$, $z \geqq 0$.

問題 6.4 S を次式で定義される曲面とする.

$$S : z = x^2 - y^2, \quad -1 \leqq x \leqq 1, \quad -1 \leqq y \leqq 1$$

このとき流束積分 $\displaystyle\int_S (y+z)dydz + (z+x)dzdx + (x^2+y^2)dxdy$ を求めよ.

問題 6.5　a を ($\mathbf{R}^3$ 内の) ベクトルとして，$\bm{F}$ をベクトル場 $\bm{F}(x,y,z) = {}^t[x,y,z]$ とする．
(ⅰ)　関係式 rot $(\bm{a} \times \bm{F}) = 2\bm{a}$ を示せ．
(ⅱ)　S を滑らかな境界 $C = \partial S$ をもつ曲面として，$\bm{n}$ をその (外向き) 単位法線ベクトルとする．このとき次の関係式を示せ：
$$2\int_S \bm{a} \cdot \bm{n} dA = \int_{\partial S} (\bm{a} \times \bm{F}) \cdot d\bm{r}$$

問題 6.6　C^1 級のベクトル場 $\bm{F}(x_1, x_2, x_3)$ の回転 rot $\bm{F} = \nabla_x \times \bm{F}$ を $\det P = 1$ であるような直交座標変換 (Z)

$$\begin{bmatrix} x_1 \\ x_2 \\ x_3 \end{bmatrix} = \begin{bmatrix} p_{11} & p_{12} & p_{13} \\ p_{21} & p_{22} & p_{23} \\ p_{31} & p_{32} & p_{33} \end{bmatrix} \begin{bmatrix} y_1 \\ y_2 \\ y_3 \end{bmatrix} = P \begin{bmatrix} y_1 \\ y_2 \\ y_3 \end{bmatrix} \tag{Z}$$

をした後の座標系で表してみると，次のようになることを示せ：
$$\text{rot } \bm{F} = \nabla_x \times \bm{F} = P(\nabla_y \times P^{-1}\bm{F})$$
ただし，$\nabla_x = {}^t\left[\dfrac{\partial}{\partial x_1}, \dfrac{\partial}{\partial x_2}, \dfrac{\partial}{\partial x_3}\right]$ などの記号を使った．

問題 6.7　f, g を空間 $\mathbf{R}^3$ 上の C^2 級関数とする．
(ⅰ)　次の公式を示せ：
$$\text{rot }(f\nabla g) = (\nabla f) \times (\nabla g)$$
(ⅱ)　(単純) 閉曲線 C に対して，次の公式を示せ：
$$\int_C (f\nabla g + g\nabla f) \cdot d\bm{r} = 0$$

問題 6.8　f を平面上の (C^2 級) 関数で，$\nabla^2 f = 0$ を満たすとする (このとき，f を調和関数と呼ぶ)．単純閉曲線 C に対して，次の関係式を示せ：
$$\int_C \left(\dfrac{\partial f}{\partial y} dx - \dfrac{\partial f}{\partial x} dy\right) = 0$$

第7章 ベクトル場の発散とガウスの公式

第 2 章でベクトル場 $\boldsymbol{F}$ の発散

$$\mathrm{div}\,\boldsymbol{F} := \nabla \cdot \boldsymbol{F}$$

を導入した．この章では発散の意味を説明し，また $\boldsymbol{F}$ の空間内の領域の境界面上の流束積分と発散 $\mathrm{div}\,\boldsymbol{F}$ のその領域上の (3 次元) 積分とを結び付けるガウスの公式を証明する．

また 7.3 節では，ガウスの公式の応用としてグリーンの一定理を導く．7.4 節では，電磁気学の基本方程式であるマクスウェルの方程式を紹介し，真空中での光の波動方程式を導く．

7.1 ガウスの公式

章および節の題名にあるガウス (Gauss) の公式とは次の公式である：

$$\int_{\partial\Omega} \boldsymbol{F} \cdot d\boldsymbol{A} = \int_{\Omega} \mathrm{div}\,\boldsymbol{F}\,dV$$

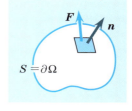

ここで，Ω は 3 次元空間の有界な領域であって，その境界 $\partial\Omega = S$ が区分的に滑らかな曲面である，と仮定する．また，ベクトル場 $\boldsymbol{F}$ は C^1 級であると仮定する．

領域 Ω には，座標 xyz から定まる自然な向きが定まっている．Ω の境界には，曲面 S で囲まれる有界な領域を内部とする自然な向きを与える．すなわち Ω の外から見た面が外向きであり，S 上の面積分を考える．

ストークスの公式においては，曲面の境界は空の場合も許されたが，ガウスの公式では，領域の境界は常に空でない．

7.1 ガウスの公式

ガウスの公式を成分表示してみると，

$$\int_{\partial\Omega} f_1 dydz + f_2 dzdx + f_3 dxdy = \int_{\Omega} \left(\frac{\partial f_1}{\partial x} + \frac{\partial f_2}{\partial y} + \frac{\partial f_3}{\partial z} \right) dV$$

である．ただし，$\boldsymbol{F} = {}^t[f_1, f_2, f_3]$ と与えられたとする．

ガウスの公式の証明も，ストークスの公式のときと同様に 2 ステップに分けられる．その前に，公式を分解してたとえば

$$\int_{\partial\Omega} f_3 dxdy = \int_{\Omega} \frac{\partial f_3}{\partial z} dV$$

を示せば十分であることに注意する．

ステップ 1 (積分の加法性)

ガウスの公式の両辺

$$\int_{\partial\Omega} \boldsymbol{F} \cdot d\boldsymbol{A} = \int_{\Omega} \mathrm{div}\,\boldsymbol{F} dV$$

は領域 Ω について加法的である，すなわち，図の通りに $\Omega = \Omega_1 \cup \Omega_2$ という具合に分割されているとき，

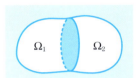

$$\int_{\partial\Omega} \boldsymbol{F} \cdot d\boldsymbol{A} = \int_{\partial\Omega_1} \boldsymbol{F} \cdot d\boldsymbol{A} + \int_{\partial\Omega_2} \boldsymbol{F} \cdot d\boldsymbol{A}$$

$$\int_{\Omega} \mathrm{div}\,\boldsymbol{F} dV = \int_{\Omega_1} \mathrm{div}\,\boldsymbol{F} dV + \int_{\Omega_2} \mathrm{div}\,\boldsymbol{F} dV$$

であることを確かめる．

体積分 $\int_{\Omega} \mathrm{div}\,\boldsymbol{F} dV$ は明らかに加法的である．一方，境界を $\partial\Omega_1 = S_1 + S_*$, $\partial\Omega_2 = S_2 + \overline{S_*}$ と分けると，

$$\int_{\partial\Omega_1} \boldsymbol{F} \cdot d\boldsymbol{A} = \int_{S_1} \boldsymbol{F} \cdot d\boldsymbol{A} + \int_{S_*} \boldsymbol{F} \cdot d\boldsymbol{A}$$

$$\int_{\partial\Omega_2} \boldsymbol{F} \cdot d\boldsymbol{A} = \int_{S_2} \boldsymbol{F} \cdot d\boldsymbol{A} + \int_{\overline{S_*}} \boldsymbol{F} \cdot d\boldsymbol{A} = \int_{S_2} \boldsymbol{F} \cdot d\boldsymbol{A} - \int_{S_*} \boldsymbol{F} \cdot d\boldsymbol{A}$$

となり，これから直ちに左辺の面積分の加法性が従う．

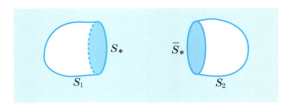

ステップ2 (グラフで囲まれる領域の場合)

Ω を十分小さく分割すると，分割された各領域の境界は，グラフとして表される曲面の合併であるとしてよい．さらにグラフの一つは座標平面 (に平行) であるとしてよい．そこで，Ω が

$$\Omega: 0 \leqq z \leqq h(x,y), \quad (x,y) \in D$$

と表示される場合を考える．ここで，D は xy 平面上の領域で，$h(x,y)$ は D 上定義された C^1 級関数とする．

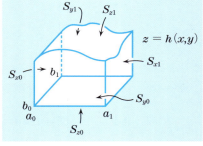

さらに分割して，D は長方形で，その辺は x 軸，y 軸に平行であるとする．すなわち，$D: a_0 \leqq x \leqq a_1, b_0 \leqq y \leqq b_1$ としよう．

境界 $\partial\Omega$ を

$$S_{z1}: z = h(x,y), \quad (x,y) \in D$$
$$S_{z0}: z = 0, \quad\quad\quad (x,y) \in D$$
$$S_{x1}: x = a_1, \ b_0 \leqq y \leqq b_1, \ 0 \leqq z \leqq h(a_1, y)$$
$$S_{x0}: x = a_0, \ b_0 \leqq y \leqq b_1, \ 0 \leqq z \leqq h(a_0, y)$$
$$S_{y1}: y = b_1, \ a_0 \leqq x \leqq a_1, \ 0 \leqq z \leqq h(x, b_1)$$
$$S_{y0}: y = b_0, \ a_0 \leqq x \leqq a_1, \ 0 \leqq z \leqq h(x, b_0)$$

と6つに分ける．このとき，

$$\int_{\partial\Omega} f_3 \, dxdy = \int_{\Omega} \frac{\partial f_3}{\partial z} dV$$

を示そう．

S_{xi}, S_{yi} ($i = 0, 1$) 上では，それぞれ $dx = 0, dy = 0$ であるから，

$$\int_{\partial\Omega} f_3 dxdy = \int_{S_{z1}} f_3 dxdy - \int_{S_{z0}} f_3 dxdy$$
$$= \int_D f_3(x,y,h(x,y))dxdy - \int_D f_3(x,y,0)dxdy$$

を計算する．

$$f_3(x,y,h(x,y)) - f_3(x,y,0) = \bigl[f_3(x,y,z)\bigr]_{z=0}^{z=h(x,y)} = \int_0^{h(x,y)} \frac{\partial f_3}{\partial z}(x,y,z)dz$$

であるから，結局

$$\int_{\partial\Omega} f_3 dxdy = \int_D \left(\int_0^{h(x,y)} \frac{\partial f_3}{\partial z}(x,y,z)dz \right) dxdy$$
$$= \int_\Omega \frac{\partial f_3}{\partial z}(x,y,z)dxdydz$$

となり，確かめられた．

例題 (ガウスの公式の例証)　閉曲面 S を次の曲面の合併 $S := S_0 \cup S_1 \cup S_2$ とする：

$$S_0 : z \geqq 1, \quad x^2 + y^2 + (z-1)^2 = 1$$
$$S_1 : 0 \leqq z \leqq 1, \quad x^2 + y^2 = 1$$
$$S_2 : z = 0, \quad x^2 + y^2 \leqq 1$$

S で囲まれた領域 Ω に自然な向きを与え，$\partial\Omega = S$ には外向きを正とする向きを与える．

領域 Ω とベクトル場 $\boldsymbol{G} = {}^t[x,y,1]$ に対して，ガウスの公式が成り立つことを確かめよ．

解答　(a)　S_0, S_1, S_2 のそれぞれで流束積分 $\int_{S_i} \boldsymbol{G} \cdot d\boldsymbol{A}$ を求める．
S_0 のパラメータ表示として $\boldsymbol{r} = {}^t\left[x,\ y,\ 1 + \sqrt{1 - x^2 - y^2}\right]$ をとると，

$$\boldsymbol{r}_x = \begin{bmatrix} 1 \\ 0 \\ \dfrac{-x}{\sqrt{1-x^2-y^2}} \end{bmatrix}, \quad \boldsymbol{r}_y = \begin{bmatrix} 0 \\ 1 \\ \dfrac{-y}{\sqrt{1-x^2-y^2}} \end{bmatrix}, \quad \boldsymbol{r}_x \times \boldsymbol{r}_y = \begin{bmatrix} \dfrac{x}{\sqrt{1-x^2-y^2}} \\ \dfrac{y}{\sqrt{1-x^2-y^2}} \\ 1 \end{bmatrix}$$

$((x,y) \in D_0 := \{x^2+y^2 \leqq 1\})$ であるから,

$$\int_{S_0} \boldsymbol{G} \cdot d\boldsymbol{A} = \int_{D_0} \boldsymbol{G} \cdot (\boldsymbol{r}_x \times \boldsymbol{r}_y) dx dy = \int_{D_0} \left(\frac{x^2+y^2}{\sqrt{1-x^2-y^2}} + 1 \right) dx dy$$
$$= \int_{\tilde{D}_0} \left(\frac{r^2}{\sqrt{1-r^2}} + 1 \right) r\, dr\, d\theta$$
$$= 2\pi \left(\int_0^1 \frac{1}{2} \frac{u}{\sqrt{1-u}} du + \int_0^1 r\, dr \right) = 2\pi \left(\frac{2}{3} + \frac{1}{2} \right) = \frac{7}{3}\pi$$

となる. 途中で, 変数変換 $(x,y)=(r\cos\theta, r\sin\theta)$ と $u=r^2$ をした. また, 部分積分の計算

$$\int_0^1 \frac{1}{2}\frac{u}{\sqrt{1-u}} du = \frac{1}{2}\left[u \cdot (-2)\sqrt{1-u} \right]_0^1 - \frac{1}{2}\int_0^1 (-2)\sqrt{1-u}\, du$$
$$= 0 + \left[\left(-\frac{2}{3}\right)(1-u)^{3/2} \right]_0^1 = \frac{2}{3}$$

をした.

S_1 のパラメータ表示として円筒座標 $\boldsymbol{r} = {}^t[\cos\theta, \sin\theta, z]$ $((\theta,z) \in D_1 := [0, 2\pi] \times [0,1])$ をとると,

$$\boldsymbol{r}_\theta = \begin{bmatrix} -\sin\theta \\ \cos\theta \\ 0 \end{bmatrix}, \quad \boldsymbol{r}_z = \begin{bmatrix} 0 \\ 0 \\ 1 \end{bmatrix}, \quad \boldsymbol{r}_\theta \times \boldsymbol{r}_z = \begin{bmatrix} \cos\theta \\ \sin\theta \\ 0 \end{bmatrix}$$

であるから,

$$\int_{S_1} \boldsymbol{G} \cdot d\boldsymbol{A} = \int_{D_1} \boldsymbol{G} \cdot (\boldsymbol{r}_\theta \times \boldsymbol{r}_z) d\theta dz = \int_{D_1} 1 d\theta dz = 2\pi$$

となる.

S_2 については, $D_2 := D_0 = \{x^2+y^2 \leqq 1\}$ として,

$$\int_{S_2} \boldsymbol{G} \cdot d\boldsymbol{A} = \int_{D_2} \boldsymbol{G} \cdot \boldsymbol{n}\, dx dy = \int_{D_2} (-1) dx dy = -\pi$$

となる.

以上を足しあわせて，$\int_S \boldsymbol{G} \cdot d\boldsymbol{A} = \frac{7}{3}\pi + 2\pi - \pi = \frac{10}{3}\pi$ となる．

(b) $\mathrm{div}\,\boldsymbol{G} = 2$ であるから，

$$\int_\Omega \mathrm{div}\,\boldsymbol{G}\,dV = 2\,Vol(\Omega) = 2\left(\pi + \frac{1}{2}\frac{4\pi}{3}\right) = \frac{10}{3}\pi$$

となる ($Vol(\Omega)$ は Ω の体積)．

(a) とあわせて，ガウスの公式 $\int_S \boldsymbol{G} \cdot d\boldsymbol{A} = \int_\Omega \mathrm{div}\,\boldsymbol{G}\,dV$ が成り立つ． □

★ Hodgepodge ★　　ガウス

Gauss, Friedrich (1777–1855)

煉瓦職人を父として，ブラウンシュバイク(ドイツ)に生まれる．1807 年，ゲッティンゲンの天文台長になり，以後 40 年間勤める．1831 年には物理学のヴェーバーとの共同研究で，磁気学についてのガウスの法則を発見し，ガウスの定理を定式化した．

正 17 角形の作図可能性，代数学の基本定理，平方剰余の相互法則，最小二乗法，非ユークリッド幾何学の発見，曲面論等の数多くの研究をしたが，生前は未発表の仕事が多かった．弟子には，デデキントやリーマンがいる．

7.2　ベクトル場の発散の意味

ベクトル場の発散を流体の速度場の場合の湧き出し，流量として意味付けしてみよう．

ベクトル場の回転の意味を考えるのに平行して，積分領域として小さな直方体の場合を考えてみる．

点 $\mathrm{P}_0 = (p_1, p_2, p_3)$ を始点とする単位ベクトル $\boldsymbol{e}_1, \boldsymbol{e}_2, \boldsymbol{e}_3$ と，小さな正数 $\varepsilon_1, \varepsilon_2, \varepsilon_3$ に

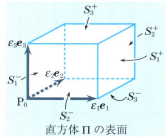

直方体 Π の表面

対して,$\varepsilon_1 \boldsymbol{e}_1, \varepsilon_2 \boldsymbol{e}_2, \varepsilon_3 \boldsymbol{e}_3$ が張る直方体を Π とする.直方体の 6 つの面を,$\boldsymbol{e}_1$ に直交する面 S_1^+, S_1^-,$\boldsymbol{e}_2$ に直交する面 S_2^+, S_2^-,$\boldsymbol{e}_3$ に直交する面 S_3^+, S_3^- とする.ただし,S_1^+ は $\boldsymbol{e}_1$ の終点を含む面,S_1^- は $\boldsymbol{e}_1$ の始点を含む面,などとする.

面積分 $\int_{\partial \Pi} \boldsymbol{F} \cdot d\boldsymbol{A} = \int_{\partial \Pi} \boldsymbol{F} \cdot \boldsymbol{n} dA$ を計算する.直方体の表面が正の向きとすると,単位法線ベクトルは S_1^+ 上では $\boldsymbol{e}_1$,S_1^- 上では $-\boldsymbol{e}_1$ となる.したがって,$\boldsymbol{F} = {}^t[f_1, f_2, f_3]$ として $\varepsilon_i \ (i=1,2,3)$ が微小ならば,

$$\int_{S_1^+ + S_1^-} \boldsymbol{F} \cdot \boldsymbol{n} dA = \int_{S_1^+} \boldsymbol{F} \cdot \boldsymbol{e}_1 dA + \int_{S_1^-} \boldsymbol{F} \cdot (-\boldsymbol{e}_1) dA$$

$$= \int_{S_1^+} f_1 dA + \int_{S_1^-} (-f_1) dA$$

$$= \int_{S_1^+} f_1(p_1 + \varepsilon_1, p_2 + u, p_3 + v) du dv$$

$$\quad - \int_{S_1^-} f_1(p_1, p_2 + u, p_3 + v) du dv$$

$$= \int_0^{\varepsilon_2} \int_0^{\varepsilon_3} \left\{ \frac{\partial f_1}{\partial x}(p_1, p_2 + u, p_3 + v)\varepsilon_1 + o(\varepsilon_1) \right\} du dv$$

$$= \varepsilon_1 \varepsilon_2 \varepsilon_3 \frac{\partial f_1}{\partial x}(p_1, p_2, p_3) + o(\varepsilon_1 \varepsilon_2 \varepsilon_3)$$

となる.最後のところで,関数 f_1 の一次近似の式

$$f_1(p_1 + \varepsilon_1, p_2 + u, p_3 + v) - f_1(p_1, p_2 + u, p_3 + v)$$
$$= \frac{\partial f_1}{\partial x}(p_1, p_2 + u, p_3 + v)\varepsilon_1 + o(\varepsilon_1)$$

$$\frac{\partial f_1}{\partial x}(p_1, p_2 + u, p_3 + v) = \frac{\partial f_1}{\partial x}(p_1, p_2, p_3) + u\frac{\partial^2 f_1}{\partial y \partial x}(p_1, p_2, p_3)$$
$$+ v\frac{\partial^2 f_1}{\partial z \partial x}(p_1, p_2, p_3) + o\left(\sqrt{u^2 + v^2}\right)$$

を利用した.

$\int_{S_2^+ + S_2^-} \boldsymbol{F} \cdot \boldsymbol{n} dA$, $\int_{S_3^+ + S_3^-} \boldsymbol{F} \cdot \boldsymbol{n} dA$ も同様に計算して

$$\int_{S_2^+ + S_2^-} \boldsymbol{F} \cdot \boldsymbol{n} dA = \varepsilon_1 \varepsilon_2 \varepsilon_3 \frac{\partial f_2}{\partial y}(p_1, p_2, p_3) + o(\varepsilon_1 \varepsilon_2 \varepsilon_3)$$

7.2 ベクトル場の発散の意味

$$\int_{S_3^+ + S_3^-} \boldsymbol{F} \cdot \boldsymbol{n} dA = \varepsilon_1 \varepsilon_2 \varepsilon_3 \frac{\partial f_3}{\partial z}(p_1, p_2, p_3) + o(\varepsilon_1 \varepsilon_2 \varepsilon_3)$$

を得るから，

$$\int_{\partial \Pi} \boldsymbol{F} \cdot \boldsymbol{n} dA = \varepsilon_1 \varepsilon_2 \varepsilon_3 \left\{ \frac{\partial f_1}{\partial x}(p_1, p_2, p_3) + \frac{\partial f_2}{\partial y}(p_1, p_2, p_3) + \frac{\partial f_3}{\partial z}(p_1, p_2, p_3) \right\}$$
$$+ o(\varepsilon_1 \varepsilon_2 \varepsilon_3)$$
$$= \varepsilon_1 \varepsilon_2 \varepsilon_3 \operatorname{div} \boldsymbol{F}(p_1, p_2, p_3) + o(\varepsilon_1 \varepsilon_2 \varepsilon_3)$$

となる．以上の説明から，この式の左辺は直方体の表面を通過する流体の流量であり，div $\boldsymbol{F}$ が単位体積あたりの流量の増減であることを示している．

注意 6.4 節で流れとしてのベクトル場の一次近似における反対称成分が，ベクトル場の回転であることを示したが，発散についても同様の意味付けができる．

そこでの記号を利用して，流れの場 $\boldsymbol{x}(t, \boldsymbol{p})$ による**体積変化率**を求めると，

$$\det J\bigl(\boldsymbol{x}(t,\boldsymbol{p})\bigr)_{\boldsymbol{p}_0} = \det\bigl(I + tJ(\boldsymbol{F})_{\boldsymbol{p}_0} + o(t)\bigr) = 1 + \operatorname{tr}\bigl(tJ(\boldsymbol{F})_{\boldsymbol{p}_0}\bigr) + o(t)$$
$$= 1 + t(\operatorname{div} \boldsymbol{F})(\boldsymbol{p}_0) + o(t)$$

となる (5.2 節参照)．これは，div $\boldsymbol{F}(\boldsymbol{p}_0)$ が体積の増加分の比率を表すことを意味し，上の説明と一致する．

例題 (ガウスの公式の応用例) Ω を単位球

$$\Omega : x^2 + y^2 + z^2 \leqq 1$$

として，$S = \partial \Omega$ を単位球面とする．

(i) ベクトル場 $\boldsymbol{F} = {}^t[2x, y^2, z^2]$ の流束積分

$$\int_S \boldsymbol{F} \cdot d\boldsymbol{A} = \int_\Omega (\operatorname{div} \boldsymbol{F}) dV$$

を計算せよ．

(ii) S は (i) と同じとして，積分 $\int_S (x^2 + y + z) dA$ を計算せよ．

解答 (i) 対称性により

$$\int_\Omega y dV = \int_\Omega z dV = 0$$

であることがいえることに注意する．すると，ガウスの公式を使って

$$\int_S \boldsymbol{F} \cdot d\boldsymbol{A} = \int_\Omega (\operatorname{div} \boldsymbol{F}) dV = \int_\Omega (2 + 2y + 2z) dV = 2\int_\Omega dV = \frac{8\pi}{3}$$

となる．

(ii) S 上の点 (x, y, z) での外向き単位法線ベクトルは $\boldsymbol{n} = {}^t[x, y, z]$ である．すると，$\boldsymbol{F} = {}^t[x, 1, 1]$ とおけば，

$$\boldsymbol{F} \cdot \boldsymbol{n} = x^2 + y + z$$

となるから，ガウスの公式を使って

$$\int_S (x^2 + y + z) dA = \frac{4\pi}{3}$$

となる． □

7.3 グリーンの定理

f, g を C^2 級関数とするとき，2.5 節の基本性質 (4) を $\boldsymbol{F} = \operatorname{grad} g$ に適用すると

$$\nabla \cdot (f\nabla g) = f(\nabla^2 g) + (\nabla f)(\nabla g)$$

が成立する．与えられた曲面 S の (外向き) 単位法線ベクトルを $\boldsymbol{n}$ として，

$$\frac{\partial g}{\partial n} := (\nabla g) \cdot \boldsymbol{n}$$

と記すことにする．

さて，S が有界な領域 Ω の境界 $S = \partial\Omega$ になっているとして，ガウスの公式を $\boldsymbol{F} = f\nabla g$ に適用すると，

$$\int_\Omega \left(f(\nabla^2 g) + (\nabla f)(\nabla g) \right) dV = \int_S (f\nabla g) \cdot \boldsymbol{n} dA = \int_S f\frac{\partial g}{\partial n} dA$$

となる．f, g の立場を入れ替えると

$$\int_\Omega \left(g(\nabla^2 f) + (\nabla g)(\nabla f) \right) dV = \int_S (g\nabla f) \cdot \boldsymbol{n} dA = \int_S g\frac{\partial f}{\partial n} dA$$

となるから，差をとることにより次の定理が得られる：

7.3 グリーンの定理

> **定理** (グリーンの定理)　上記の状況で，次の等式が成り立つ：
> $$\int_\Omega \left(f(\nabla^2 f) + (\nabla f)^2\right) dV = \int_S f\frac{\partial f}{\partial n} dA$$
> $$\int_\Omega \left(f\nabla^2 g - g\nabla^2 f\right) dV = \int_S \left(f\frac{\partial g}{\partial n} - g\frac{\partial f}{\partial n}\right) dA$$

もちろん，1つ目の式は上の公式で $g=f$ としたものである．
グリーンの定理から調和関数の一意性に関する次の定理が得られる：

> **定理**　ϕ を Ω 上の C^2 級関数で，$\nabla^2 \phi = 0$ であるとする (すなわち，ϕ は調和関数である)．もし，
> $$S \text{上}\quad \phi = 0 \qquad \text{または} \qquad S \text{上}\quad \frac{\partial \phi}{\partial n} = 0$$
> のいずれかの条件が満たされるならば，このような関数 ϕ は Ω 上定数である．

証明　グリーンの定理の 1 つ目の式から $\int_\Omega (\nabla \phi)^2 dV = 0$ となる．$(\nabla \phi)^2 \geqq 0$ であるから，Ω 内いたるところ $\nabla \phi = 0$ である．したがって，ϕ は Ω 上定数である．　□

> **例題** (境界条件下でのポアッソン方程式の解の一意性)　ρ を Ω 上の連続関数として，境界 $S = \partial\Omega$ 上の関数 f (または g) が与えられているとする．そのとき，ポアッソン (Poisson) 方程式
> $$\nabla^2 \phi = \rho$$
> の解であって，条件
> $$S \text{上}\quad \phi = f \qquad \left(\text{または}\quad S \text{上}\quad \frac{\partial \phi}{\partial n} = g\right)$$
> を満たすものは高々 1 つしか存在しない (または高々定数の差しかない)．

解答　ϕ_1, ϕ_2 がともに解であるなら，$\phi = \phi_1 - \phi_2$ は上の定理の条件を満たすから，ϕ は Ω 上定数である．

S 上 ϕ_1, ϕ_2 が同じ値をとれば，定数 ϕ は 0 である．　□

7.4 マクスウェルの方程式

マクスウェルの方程式は，電磁気学の基本方程式であり，次の 4 つの方程式から成る．各方程式の導出や意味は，電磁気学の教科書を参照されたい．

$$\operatorname{rot} \boldsymbol{E} = -\frac{\partial \boldsymbol{B}}{\partial t} \quad \text{(電磁誘導の法則)}$$

$$\operatorname{rot} \boldsymbol{H} = \boldsymbol{i} + \frac{\partial \boldsymbol{D}}{\partial t} \quad \text{(一般化されたアンペールの法則)}$$

$$\operatorname{div} \boldsymbol{D} = \rho \quad \text{(電束密度の源は真電荷密度)}$$

$$\operatorname{div} \boldsymbol{B} = 0 \quad \text{(真磁荷は存在しない)}$$

ここで，$\boldsymbol{E}$ は電界，$\boldsymbol{H}$ は磁界，$\boldsymbol{D}$ は電束密度，$\boldsymbol{B}$ は磁束密度，ρ は電荷密度，$\boldsymbol{i}$ は電流密度である．

この方程式系は，$\boldsymbol{E}$ と $\boldsymbol{H}$ の入れ替えや，$\boldsymbol{B}$ と $\boldsymbol{D}$ の入れ替えに関して極めて対称性の高い形をしている．

第 2 式の div をとり，第 3 式を使うと，**連続の方程式** (**電荷の保存則**)

$$\frac{\partial \rho}{\partial t} + \operatorname{div} \boldsymbol{i} = 0$$

が得られる．

また，ガウスの公式を用いて，上の第 3 番目の方程式を積分の形にすることもできる．

真空中では，$\boldsymbol{D} = \varepsilon_0 \boldsymbol{E}$, $\boldsymbol{B} = \mu_0 \boldsymbol{H}$ と比例関係が成り立つ (ε_0 は真空の誘電率，μ_0 は真空の透磁率と呼ばれる)．物質中では，電気分極，磁気分極をそれぞれ $\boldsymbol{P}, \boldsymbol{M}$ として，

$$\boldsymbol{D} = \varepsilon_0 \boldsymbol{E} + \boldsymbol{P}, \quad \boldsymbol{B} = \mu_0 \boldsymbol{H} + \boldsymbol{M}$$

なる関係が成り立つ．

真空中で電荷や電流がないとき，マクスウェルの方程式は

$$\operatorname{rot} \boldsymbol{E} = -\mu_0 \frac{\partial \boldsymbol{H}}{\partial t}, \quad \operatorname{div} \boldsymbol{E} = 0, \quad \operatorname{rot} \boldsymbol{H} = \varepsilon_0 \frac{\partial \boldsymbol{E}}{\partial t}, \quad \operatorname{div} \boldsymbol{H} = 0$$

である．第 1 式の rot をとると，

7.4 マクスウェルの方程式

$$\text{rot}\,\text{rot}\,\boldsymbol{E} = -\mu_0 \frac{\partial}{\partial t}\text{rot}\,\boldsymbol{H} = -\mu_0 \frac{\partial}{\partial t}\varepsilon_0 \frac{\partial \boldsymbol{E}}{\partial t}$$

$\text{rot}\,\text{rot}\,\boldsymbol{E} = \text{grad}\,\text{div}\,\boldsymbol{E} - \Delta \boldsymbol{E}$ (2.5 節の基本性質 (2) 参照) を用いると,

$$\varepsilon_0 \mu_0 \frac{\partial^2}{\partial t^2}\boldsymbol{E} - \Delta \boldsymbol{E} = 0$$

が導かれる. 同様に, $\boldsymbol{H}$ も同じ形の方程式を満たす. これらは, $\boldsymbol{E}$ と $\boldsymbol{H}$ に対する**波動方程式**であり, 波動の伝播速度は

$$v = \frac{1}{(\varepsilon_0 \mu_0)^{1/2}}$$

となる.

この速度が真空中の光の速度とよく一致したことから, 光が電磁場の波動に他ならないことが結論されたのである.

◆問　C^2 級の関数 $f(t)$ について, $\phi(x,t) = f(x - vt)$ および $f(x + vt)$ は

$$\left(\frac{\partial^2}{\partial t^2} - v^2 \frac{\partial^2}{\partial x^2}\right)\phi(x,t) = 0$$

を満たすことを示せ.

★ Hodgepodge ★　マクスウェル

Maxwell, James Clerk (1831–1879)

エディンバラ大学を経てケンブリッジ大学に学び, 1871 年にケンブリッジ大学キャベンディッシュ研究所の初代教授に就任.

色彩論などの研究の後, 電磁気学を研究した. それまでに得られていた電磁気学の法則に変位電流の概念を導入して, 1864 年「電磁場の動力学的理論」でマクスウェルの方程式の形にまとめ, 1873 年の「電気磁気論」ではほぼ現在の形を得た. また, アンサンブルの概念を導入するなど, 統計力学への貢献も大きい.

章 末 問 題

問題 7.1 ベクトル場 $\bm{F} = {}^t[2x,\ y^2,\ z^2]$ と曲面 $S : x^2 + y^2 + z^2 = 1$ を考える．このとき，面積分 $\displaystyle\int_S \bm{F} \cdot d\bm{A}$ を求めよ．

問題 7.2 円柱 $S := \{x^2 + y^2 = 1,\ -1 < z < 1\} \cup \{x^2 + y^2 \leq 1,\ z = \pm 1\}$ とベクトル場 $\bm{F} = {}^t[xy^2,\ x^2y,\ y]$ を考える．このとき，ガウスの公式を使って，面積分 $\displaystyle\int_S \bm{F} \cdot d\bm{A}$ を求めよ (5.5 節例題参照)．

問題 7.3 S を穴のない風船の表面として，Ω を風船の内部とする．このとき，次の関係式を示せ：
$$\int_S \bm{r} \cdot \bm{n} \, dA = 3 \times Vol(\Omega).$$
ここで，いつも通り $\bm{r} = {}^t[x, y, z]$ であり，$Vol(\Omega)$ は Ω の体積である．

問題 7.4 S を半径 R の球面とする．S の面積は $4\pi R^2$ で与えられることを示せ．(ヒント：積分 $\displaystyle\int_S 1 \, dA$ を計算せよ．S の単位法線ベクトル $\bm{n}$ は $\bm{n} = \dfrac{\bm{r}}{r}$ で与えられる．ここで，$\bm{r} = {}^t[x, y, z], r = |\bm{r}|$ である．次に，$\bm{F} \cdot \bm{n} = 1$ なるベクトル場 $\bm{F}$ をみつけ，ガウスの公式を適用せよ．)

問題 7.5 Ω を次の不等式で定義される領域とする：$\dfrac{x^2}{4} + y^2 + z^2 \leq 1$
$S = \partial\Omega$ に境界としての向きを与えるとき，面積分 $\displaystyle\int_S x \, dydz + y \, dzdx$ を求めよ．

問題 7.6 Ω を空間 $\mathbf{R}^3$ の有界な領域として S をその境界の閉曲面とする．このとき，
$$\int_S x \, dydz = \int_S y \, dzdx = \int_S z \, dxdy$$
なる面積分の等式が成り立つことを示せ．

問題 7.7 電磁誘導の法則 $\mathrm{rot}\,\bm{E} = -\dfrac{\partial \bm{B}}{\partial t}$ から，ファラデー (Faraday) の法則
$$\int_{\partial S} \bm{E} \cdot d\bm{r} = -\dfrac{\partial}{\partial t} \int_S \bm{B} \cdot d\bm{A}$$
を導け．ここで，S は閉曲線を境界とする曲面とする (磁束の時間変化 (右辺) が電場 (左辺) を誘導する)．

問題 7.8 静電場 $\dfrac{\partial \bm{E}}{\partial t} = 0$ において，電流 i の周囲に生じる磁場 $\bm{H}$ が
$$I = \int_S \bm{i} \cdot d\bm{A} = \int_{\partial S} \bm{H} \cdot d\bm{r}$$
の関係 (アンペール (Ampere) の法則) で与えられることを導け．ここで S は閉曲線を境界とし，電流と交差する曲面とする．また $\bm{D}$ は $\bm{E}$ の定数 ε 倍であるとする．

第8章

ポテンシャルと微分形式

　第 6, 7 章でベクトル場の回転，発散についてストークスの公式，ガウスの公式が成立することを述べた．公式の形や証明の方針に共通するものが感じられたのではないだろうか．この章では，微分形式なる概念を導入して統一的な視点が得られることを説明しよう．その鍵となるのが微分形式の外微分である．また，物理などの応用でも重要なポテンシャルを外微分により説明する．最後に，電磁気学の基本方程式であるマクスウェルの方程式を 4 次元の微分形式を用いて表現してみる．

　以下で考える関数 (そして微分形式) は，$\mathbf{R}^3$ の (開) 領域 U で定義され，C^∞ 級であるとする (実際は C^2 級であれば十分であるが)．

■ 8.1　微分形式：導入の動機

【線積分と面積分についての省察】　今から，線積分の**被積分関数** (integrand)
$$\omega = f_1 dx + f_2 dy + f_3 dz$$
と面積分の被積分関数
$$\eta = g_1 dydz + g_2 dzdx + g_3 dxdy$$
を積分記号から独立させて考えてみたい．そのために，線積分 $\int_C \omega$ や面積分 $\int_S \eta$ において，共通に成り立つ事実を挙げてみる．

(1) 積分範囲 C (曲線)，S (曲面) には依存しない．
(2) パラメータのとり方によらない．さらに，(直交) 座標変換に関して不変である．
(3) 積分領域の向きへの反応：$\int_{\overline{C}} \omega = \int_C -\omega, \quad \int_{\overline{S}} \eta = \int_S -\eta$

ω や η に現れる関数 f_i, g_i ($i=1,2,3$) の定義域 U 内に C や S が含まれていれば構わなくて,一方被積分関数は同じ形のままでよい,というのが (1) の内容である.

定義の **整合性** (well-definedness) に関するパラメータのとり方への非依存性について 3.3 節, 5.4 節に述べた.積分領域の向きについても 5.6 節で述べた.

$\omega = f_1 dx + f_2 dy + f_3 dz$ や $\eta = g_1 dy dz + g_2 dz dx + g_3 dx dy$ は,座標系のとり方に依存するが,座標のとり替えの規則を後に与えて,座標系のとり方に依存しない意味をもっていることを示そう.

【全微分の基本性質】 その前に,C^1 級関数 f の全微分
$$df := \frac{\partial f}{\partial x} dx + \frac{\partial f}{\partial y} dy + \frac{\partial f}{\partial z} dz$$
について次の性質を示そう:

> **補題** (**全微分の座標不変性**) df は座標のとり方によらない.すなわち,u, v, w を別の座標とするとき,次式が成立する:
> $$\frac{\partial f}{\partial u} du + \frac{\partial f}{\partial v} dv + \frac{\partial f}{\partial w} dw = \frac{\partial f}{\partial x} dx + \frac{\partial f}{\partial y} dy + \frac{\partial f}{\partial z} dz$$
> ただし,左辺では $f(x, y, z) = f(x(u,v,w), y(u,v,w), z(u,v,w))$ と考えて偏微分をとり,u, v, w を x, y, z の関数とみて全微分 du, dv, dw を考えることにする.

証明 $du = \frac{\partial u}{\partial x} dx + \frac{\partial u}{\partial y} dy + \frac{\partial u}{\partial z} dz$, $\quad dv = \frac{\partial v}{\partial x} dx + \frac{\partial v}{\partial y} dy + \frac{\partial v}{\partial z} dz$,

$dw = \frac{\partial w}{\partial x} dx + \frac{\partial w}{\partial y} dy + \frac{\partial w}{\partial z} dz$

を左辺に代入して整理すると
$$\left(\frac{\partial f}{\partial u} \frac{\partial u}{\partial x} + \frac{\partial f}{\partial v} \frac{\partial v}{\partial x} + \frac{\partial f}{\partial w} \frac{\partial w}{\partial x} \right) dx + \left(\frac{\partial f}{\partial u} \frac{\partial u}{\partial y} + \frac{\partial f}{\partial v} \frac{\partial v}{\partial y} + \frac{\partial f}{\partial w} \frac{\partial w}{\partial y} \right) dy$$
$$+ \left(\frac{\partial f}{\partial u} \frac{\partial u}{\partial z} + \frac{\partial f}{\partial v} \frac{\partial v}{\partial z} + \frac{\partial f}{\partial w} \frac{\partial w}{\partial z} \right) dz$$

となり,たとえば $\frac{\partial f}{\partial u} \frac{\partial u}{\partial x} + \frac{\partial f}{\partial v} \frac{\partial v}{\partial x} + \frac{\partial f}{\partial w} \frac{\partial w}{\partial x} = \frac{\partial f}{\partial x}$ であるから,示すべき式の右辺に一致する. □

> ★ **Hodgepodge** ★　　テンソルとアインシュタイン
>
> 　微分形式は，完全反対称共変テンソルとも呼ばれることもあり，テンソルというより一般的な概念の一部となっている．「ベクトル表現とベクトル場」で説明したように，空間 (あるいは時空) の対称性からみて一定の規則で変換する表現空間としてテンソルを理解することができる．
> 　曲がった空間 (微分可能多様体) 上の微積分をする際，テンソルの言葉は必要となる．微分可能多様体を対象として空間における距離が測れるような構造を基にする幾何学が**微分幾何学**である．
> 　アインシュタイン (1879–1955) の一般相対性理論の定式化において，テンソル解析は不可欠のものであった．アインシュタインは友人のグロスマンに相談し，リーマン，リッチ，レヴィ-チヴィタらの発展させた微分幾何学を真剣に勉強して役立てた．次はアインシュタインの言葉である．
> 　「人生でこれほどまでに一生懸命に勉強したことはなかった．数学に対する敬服の念に満たされた．数学の最も精妙な部分は，私の愚直さの中で純粋な悦楽として今日まで残っている．」

8.2　微分形式：定義と基本性質

　線分要素・面積要素・体積要素を含めた線積分・面積分・体積分の被積分関数を一つの数学的実態と考えたい．それに数学的定義を与え，**微分形式**と呼ぼう．Ω を定義域とする C^∞ 級関数の全体を

$$C^\infty(\Omega)$$

と表そう．これ自体も **R** 上のベクトル空間の構造をもつ．後で導入する微分形式の全体の集合も **R** 上のベクトル空間の構造等をもち，集合概念による整理が必要なため記号を導入するのである．

　(1)　各 $p = 0, 1, 2, 3$ に対して，次の形に表示されるものを **p 次微分形式** (differential form of degree p) あるいは **p-形式** (p-form) と呼ぶ．

p	p 次微分形式	係数
$p=0$	f	$f \in C^\infty(\Omega)$
$p=1$	$f_1 dx + f_2 dy + f_3 dz$	$f_i \in C^\infty(\Omega)$
$p=2$	$g_1 dy \wedge dz + g_2 dz \wedge dx + g_3 dx \wedge dy$	$g_i \in C^\infty(\Omega)$
$p=3$	$h dx \wedge dy \wedge dz$	$h \in C^\infty(\Omega)$

ベクトル場 $\boldsymbol{F} = {}^t[f_1, f_2, f_3]$, $\boldsymbol{G} = {}^t[g_1, g_2, g_3]$ に対して,
$$\omega_{\boldsymbol{F}} := f_1 dx + f_2 dy + f_3 dz,$$
$$\eta_{\boldsymbol{G}} := g_1 dy \wedge dz + g_2 dz \wedge dx + g_3 dx \wedge dy$$
とおく. すると, $df = \omega_{\operatorname{grad} f}$, $\omega_{\boldsymbol{F}} = \boldsymbol{F} \cdot d\boldsymbol{r}$ が成り立つ. 2-形式 $dy \wedge dz$ と面積要素 $dydz$ を同一視すれば, さらに $\eta_{\boldsymbol{G}} = \boldsymbol{G} \cdot d\boldsymbol{A}$ が成り立つ.

(2) 計算の規則
- **和とスカラー倍** $f, g, h, f_i, f_i', g_i, g_i' \in C^\infty(\Omega)$ $(i=1,2,3)$ について
$$(f_1 dx + f_2 dy + f_3 dz) + (f_1' dx + f_2' dy + f_3' dz)$$
$$= (f_1 + f_1')dx + (f_2 + f_2')dy + (f_3 + f_3')dz$$
$$g(f_1 dx + f_2 dy + f_3 dz) = (gf_1)dx + (gf_2)dy + (gf_3)dz$$
$$(g_1 dy \wedge dz + g_2 dz \wedge dx + g_3 dx \wedge dy) + (g_1' dy \wedge dz + g_2' dz \wedge dx + g_3' dx \wedge dy)$$
$$= (g_1 + g_1')dy \wedge dz + (g_2 + g_2')dz \wedge dx + (g_3 + g_3')dx \wedge dy$$
$$h(g_1 dy \wedge dz + g_2 dz \wedge dx + g_3 dx \wedge dy)$$
$$= (hg_1)dy \wedge dz + (hg_2)dz \wedge dx + (hg_3)dx \wedge dy$$
$$(h dx \wedge dy \wedge dz) + (h' dx \wedge dy \wedge dz) = (h + h')dx \wedge dy \wedge dz$$
$$f(h dx \wedge dy \wedge dz) = (fh)dx \wedge dy \wedge dz$$
とおく. すなわち, $1, dx, dy, dz, dy \wedge dz, dz \wedge dx, dx \wedge dy, dx \wedge dy \wedge dz =: dV$ を基底として, 和と関数によるスカラー倍を定める.

- **外積 (ウェッジ積)** $\wedge$ は結合則と分配則を満たすことを要請する. すなわち,
$$(\omega_1 \wedge \omega_2) \wedge \omega_3 = \omega_1 \wedge (\omega_2 \wedge \omega_3) \qquad \text{(結合則)}$$
$$(\omega_1 + \omega_2) \wedge \eta = \omega_1 \wedge \eta + \omega_2 \wedge \eta, \quad \omega \wedge (\eta_1 + \eta_2) = \omega \wedge \eta_1 + \omega \wedge \eta_2$$
$$\text{(分配則)}$$

8.2 微分形式：定義と基本性質

- **交代性（多重線形性）** ω_i $(i=1,2)$ を 1-形式として，
$$\omega_1 \wedge \omega_2 = -\omega_2 \wedge \omega_1$$
が成り立つ．特に，$\omega \wedge \omega = 0$ が成立する．たとえば，
$$dy \wedge dz = -dz \wedge dy, \qquad dy \wedge dy = 0$$

(3) p-形式の全体のなす集合を $A^p(\Omega)$ と記す．定義により，$A^0(\Omega) = C^\infty(\Omega)$ である．

すべての $p = 0, 1, 2, 3$ について，$A^p(\Omega)$ は $\mathbf{R}$ 上のベクトル空間の構造をもち，かつ C^∞ 級関数によるスカラー倍の作用は，ベクトル空間の公理と同じ性質を満たしている．これを $A^p(\Omega)$ は $C^\infty(\Omega)$ 上の加群の構造をもつ，といい表す．

交代性は，行列式の性質に対応することに注意しよう．

平面において，面積要素 $dxdy$ は，行列式 $\det(\Delta x \Delta y)$ に対応することを 5.2 節でみた．また，向きを変えると符号が替わることは 5.6 節でみた通りである．同様に，3 次元空間において，体積要素 $dxdydz$ は，行列式 $\det(\Delta x \Delta y \Delta z)$ に対応する．

そこで以下では，2-形式 $dy \wedge dz$ と面積要素 $dydz$，3-形式 $dx \wedge dy \wedge dz$ と体積要素 $dxdydz$ を同一視する．

> **例題** (1) の記号を使うことにすると，以下の諸式が成り立つ：
> (ⅰ) $\omega_{\boldsymbol{F}} \wedge \omega_{\boldsymbol{G}} = \eta_{\boldsymbol{F} \times \boldsymbol{G}}$． (ⅱ) $\omega_{\boldsymbol{F}} \wedge \eta_{\boldsymbol{G}} = (\boldsymbol{F} \cdot \boldsymbol{G})dV$．
> (ⅲ) 3×3 行列（関数）を $A = {}^t[\boldsymbol{a}, \boldsymbol{b}, \boldsymbol{c}]$ と列ベクトルに分けたとき，
> $\omega_{\boldsymbol{a}} \wedge \omega_{\boldsymbol{b}} \wedge \omega_{\boldsymbol{c}} = (\det A) dV$．

解答 (ⅰ) 多重線形性 $dy \wedge dz = -dz \wedge dy$, $dx \wedge dx = 0$ などに注意して分配則を使えば，
$$\begin{aligned}\omega_{\boldsymbol{F}} \wedge \omega_{\boldsymbol{G}} &= (f_1 dx + f_2 dy + f_3 dz) \wedge (g_1 dx + g_2 dy + g_3 dz) \\ &= (f_2 g_3 - f_3 g_2) dy \wedge dz + (f_3 g_1 - f_1 g_3) dz \wedge dx + (f_1 g_2 - f_2 g_1) dx \wedge dy \\ &= \eta_{\boldsymbol{F} \times \boldsymbol{G}}\end{aligned}$$
を得る．

(ⅱ) (ⅰ) と同様に展開すれば，
$$\omega_{\boldsymbol{F}} \wedge \eta_{\boldsymbol{G}} = (f_1 dx + f_2 dy + f_3 dz) \wedge (g_1 dy \wedge dz + g_2 dz \wedge dx + g_3 dx \wedge dy)$$

$$= f_1g_1 dx \wedge dy \wedge dz + f_2g_2 dy \wedge dz \wedge dx + f_3g_3 dz \wedge dx \wedge dy$$
$$= (f_1g_1 + f_2g_2 + f_3g_3)dx \wedge dy \wedge dz$$
$$= (\boldsymbol{F} \cdot \boldsymbol{G})dV$$

を得る.

(iii) (i), (ii) を使えば,
$$\omega_{\boldsymbol{a}} \wedge \omega_{\boldsymbol{b}} \wedge \omega_{\boldsymbol{c}} = \omega_{\boldsymbol{a}} \wedge (\eta_{\boldsymbol{b} \times \boldsymbol{c}}) = \big(\boldsymbol{a} \cdot (\boldsymbol{b} \times \boldsymbol{c})\big) dV$$
となるが, $\boldsymbol{a} \cdot (\boldsymbol{b} \times \boldsymbol{c}) = \det A$ ゆえ, 求める式を得る. □

◆問 $\omega_i = \sum_{j=1}^{3} a_{ij} dx_j$ $(i = 1, 2, 3)$ を領域 U $(\subset \mathbf{R}^3)$ 上定義された 1 次微分形式とする. このとき, $\omega_1 \wedge \omega_2$, $\omega_2 \wedge \omega_1$ を計算せよ. それにより, $\omega_2 \wedge \omega_1 = -\omega_1 \wedge \omega_2$ を示せ.

> ★ **Hodgepodge** ★　　グラスマン
>
> Grassmann, Hermann Günther (1809–1877)
>
> シュテティン (プロイセン, 現ポーランド) で生まれ, ギムナジウム卒業後ベルリンで数学を学び, 潮汐に関する論文を書いて教師資格を得た. 広延論 (Ausdehnunglehre) と称する理論に関する論文の中で, グラスマン代数 (外積代数) の基礎を与えている.
>
> 数学での研究は, 生前は理解されなかったが, 数学以外での物理学 (特に色彩の理論), 生理学 (グラスマンの法則), 言語学 (ドイツ語文法の研究, 民謡の収集, サンスクリット語の研究) の研究は高く評価されていた.
>
>

■ 8.3　外　微　分

3 次元のベクトル解析では, 3 つの操作 grad, rot, div が定義されて, 微分の拡張としての役割を担っている. これらは, 微分作用素 ∇ を使って定義されていた. しかし, より統一的に理解するには微分形式の**外微分**を導入する必要がある. 上の 3 つの操作は, 0-形式, 1-形式, 2-形式に対する外微分に他ならないことが分かる.

8.3 外微分

通常の微分と同様に，外微分もライプニッツの法則

$$d(\omega \wedge \eta) = (d\omega) \wedge \eta \pm \omega \wedge (d\eta)$$

を満たすべきであると考えると，次の定義は自然であろう（± をどう決めるかには，外積の性質が絡んでくる）．

外微分作用素 d

[0] 0-形式すなわち関数 f に対しては，df は全微分 df とする．

[1] 1-形式 $\omega = f_1 dx + f_2 dy + f_3 dz$ に対して

$$d\omega = df_1 \wedge dx + df_2 \wedge dy + df_3 \wedge dz$$

とおく．

[2] 2-形式 $\eta = g_1 dy \wedge dz + g_2 dz \wedge dx + g_3 dx \wedge dy$ に対して

$$d\eta = dg_1 \wedge dy \wedge dz + dg_2 \wedge dz \wedge dx + dg_3 \wedge dx \wedge dy$$

とおく．

[3] 3-形式 $\theta = h dx \wedge dy \wedge dz$ に対しては $d\theta = 0$ とおく．なぜならば，$d\theta = dh \wedge dx \wedge dy \wedge dz$ とおくべきだが，交代性により

$$\left(\frac{\partial h}{\partial x} dx + \frac{\partial h}{\partial y} dy + \frac{\partial h}{\partial z} dz\right) \wedge (dx \wedge dy \wedge dz)$$

は 0 とならざるを得ないからである．あるいは，3 次元では 4-形式は 0 のみである，といってもよい．

例題 次の外微分を計算せよ：
(i) $d(y^2 dx - xz dy + z^3 dz)$. (ii) $d(x dy \wedge dz + y dz \wedge dx + z dx \wedge dy)$.

解答 (i) $d(y^2 dx - xz dy + z^3 dz) = d(y^2) \wedge dx - d(xz) \wedge dy + d(z^3) \wedge dz$
$= 2y dy \wedge dx - (z dx + x dz) \wedge dy + 3z^2 dz \wedge dz = x dy \wedge dz - (2y + z) dx \wedge dy$
(ii) $d(x dy \wedge dz + y dz \wedge dx + z dx \wedge dy) = dx \wedge dy \wedge dz + dy \wedge dz \wedge dx + dz \wedge dx \wedge dy$
$= dx \wedge dy \wedge dz - dy \wedge dx \wedge dz - dx \wedge dz \wedge dy = 3 dx \wedge dy \wedge dz$ □

【外微分作用素】 定義により，外微分作用素 d は，

$$d: A^0(\Omega) = C^\infty(\Omega) \to A^1(\Omega), \quad d: A^1(\Omega) \to A^2(\Omega), \quad d: A^2(\Omega) \to A^3(\Omega)$$

なる線形写像である．すると，次の補題が成り立つ：

> **補題** (外微分と **rot, div**)　　$d\omega_{\boldsymbol{F}} = \eta_{\operatorname{rot}\boldsymbol{F}}, \quad d\eta_{\boldsymbol{G}} = \operatorname{div}(\boldsymbol{G})dV.$

証明　　df_i は関数の全微分だから，左辺 $d\omega_{\boldsymbol{F}}$ は

$$\left(\frac{\partial f_1}{\partial x}dx + \frac{\partial f_1}{\partial y}dy + \frac{\partial f_1}{\partial z}dz\right) \wedge dx + \left(\frac{\partial f_2}{\partial x}dx + \frac{\partial f_2}{\partial y}dy + \frac{\partial f_2}{\partial z}dz\right) \wedge dy$$
$$+ \left(\frac{\partial f_3}{\partial x}dx + \frac{\partial f_3}{\partial y}dy + \frac{\partial f_3}{\partial z}dz\right) \wedge dz$$
$$= \frac{\partial f_1}{\partial y}dy\wedge dx + \frac{\partial f_1}{\partial z}dz\wedge dx + \frac{\partial f_2}{\partial x}dx\wedge dy + \frac{\partial f_2}{\partial z}dz\wedge dy + \frac{\partial f_3}{\partial x}dx\wedge dz + \frac{\partial f_3}{\partial y}dy\wedge dz$$

となる．ここで，$dx \wedge dx = 0$ 等を使った．さらに $dx \wedge dy = -dy \wedge dx$ 等を使うと，

$$= \left(\frac{\partial f_3}{\partial y} - \frac{\partial f_2}{\partial z}\right)dy\wedge dz + \left(\frac{\partial f_1}{\partial z} - \frac{\partial f_3}{\partial x}\right)dz\wedge dx + \left(\frac{\partial f_2}{\partial x} - \frac{\partial f_1}{\partial y}\right)dx\wedge dy = \eta_{\operatorname{rot}\boldsymbol{F}}$$

となる．同様に，$d\eta_{\boldsymbol{G}}$ を計算すると，

$$\frac{\partial g_1}{\partial x}dx \wedge dy \wedge dz + \frac{\partial g_2}{\partial y}dy \wedge dz \wedge dx + \frac{\partial g_3}{\partial z}dz \wedge dx \wedge dy = (\operatorname{div}\boldsymbol{G})dx \wedge dy \wedge dz$$

となる．　　□

この補題は外微分作用素 d が，回転 rot, 発散 div を自然に含んでいることを示している．

一方，関数の全微分とライプニッツの規則，そして線形性を外微分作用素 d に仮定すると，上記の定義に自然に導かれることを次の定理は示している：

> **定理**　　(外微分作用素の特徴付け)
> (1) 外微分作用素 d は次の性質を満たす：
>   (i) $d(\omega + \omega') = d\omega + d\omega' \quad (\forall \omega, \omega' \in A^p(\Omega))$

8.3 外微分

(ii) (ライプニッツの法則)
$$d(\omega \wedge \omega') = d\omega \wedge \omega' + (-1)^p \omega \wedge d\omega'$$
$$\left(\forall \omega \in A^p(\Omega),\, \omega' \in A^q(\Omega)\right)$$

(iii) $d(d\omega) = 0$

(2) 逆に，条件 [0], (i), (ii), (iii) を満たす作用素 $d : A^p(\Omega) \to A^{p+1}(\Omega)$ $(p=0,1,2)$ は，一意に決まる線形写像である．ここで，条件 [0] は，前ページの外微分作用素の性質 [0] のことである．

証明 (1) は計算により直接的に証明される．まず (i) について，関数の全微分は $d(f_1 + f_2) = df_1 + df_2$ を明らかに満たす．1-形式 $\omega = f_1 dx + f_2 dy + f_3 dz$, $\omega' = g_1 dx + g_2 dy + g_3 dz$ について，
$$\omega + \omega' = (f_1 + g_1)dx + (f_2 + g_2)dy + (f_3 + g_3)dz$$
であり，
$$d(\omega + \omega') = d(f_1 + g_1) \wedge dx + d(f_2 + g_2) \wedge dy + d(f_3 + g_3) \wedge dz$$
$$= (df_1 + dg_1) \wedge dx + (df_2 + dg_2) \wedge dy + (df_3 + dg_3) \wedge dz$$
$$= (df_1 \wedge dx + df_2 \wedge dy + df_3 \wedge dz) + (dg_1 \wedge dx + dg_2 \wedge dy + dg_3 \wedge dz)$$
$$= d\omega + d\omega'$$
となる．2-形式についても同様であり，3-形式については自明である．

(ii) について，まず ω が 0-形式，すなわち関数 f のときに示そう．1-形式 $\omega' = f_1 dx + f_2 dy + f_3 dz$ について
$$d(f(f_1 dx + f_2 dy + f_3 dz)) = d((ff_1)dx + (ff_2)dy + (ff_3)dz)$$
$$= d(ff_1) \wedge dx + d(ff_2) \wedge dy + d(ff_3) \wedge dz$$
$$= (f_1 df + f df_1) \wedge dx + (f_2 df + f df_2) \wedge dy + (f_3 df + f df_3) \wedge dz$$
$$= df \wedge (f_1 dx + f_2 dy + f_3 dz) + f(df_1 \wedge dx + df_2 \wedge dy + df_3 \wedge dz)$$
$$= df \wedge \omega' + f d\omega'$$
となり成立している．2-形式 $\omega' = g_1 dy \wedge dz + g_2 dz \wedge dx + g_3 dx \wedge dy$ についても同様に示せる．ω' が 3-形式のときは自明である．

ω も ω' も 1-形式のとき，
$$\omega \wedge \omega' = (f_1 dx + f_2 dy + f_3 dz) \wedge (g_1 dx + g_2 dy + g_3 dz)$$
$$= (f_2 g_3 - f_3 g_2) dy \wedge dz + (f_3 g_1 - f_1 g_3) dz \wedge dx + (f_1 g_2 - f_2 g_1) dx \wedge dy$$

に外微分を施して

$$d(\omega \wedge \omega') = d(f_2g_3 - f_3g_2) \wedge dy \wedge dz + d(f_3g_1 - f_1g_3) \wedge dz \wedge dx$$
$$+ d(f_1g_2 - f_2g_1) \wedge dx \wedge dy$$
$$= (f_2dg_3 - f_3dg_2) \wedge dy \wedge dz + (f_3dg_1 - f_1dg_3) \wedge dz \wedge dx$$
$$+ (f_1dg_2 - f_2dg_1) \wedge dx \wedge dy + (g_3df_2 - g_2df_3) \wedge dy \wedge dz$$
$$+ (g_1df_3 - g_3df_1) \wedge dz \wedge dx + (g_2df_1 - g_1df_2) \wedge dx \wedge dy$$

となる．一方

$$d\omega \wedge \omega' = (df_1 \wedge dx + df_2 \wedge dy + df_3 \wedge dz) \wedge (g_1dx + g_2dy + g_3dz)$$
$$= g_2df_1 \wedge dx \wedge dy + g_3df_1 \wedge dx \wedge dz + g_1df_2 \wedge dy \wedge dx$$
$$+ g_3df_2 \wedge dy \wedge dz + g_1df_3 \wedge dz \wedge dx + g_2df_3 \wedge dz \wedge dy$$
$$= (g_3df_2 - g_2df_3) \wedge dy \wedge dz + (g_1df_3 - g_3df_1) \wedge dz \wedge dx$$
$$+ (g_2df_1 - g_1df_2) \wedge dx \wedge dy$$

であり，同様に

$$\omega \wedge d\omega' = (f_3dg_2 - f_2dg_3) \wedge dy \wedge dz + (f_1dg_3 - f_3dg_1) \wedge dz \wedge dx$$
$$+ (f_2dg_1 - f_1dg_2) \wedge dx \wedge dy$$

も示せるから

$$d(\omega \wedge \omega') = d\omega \wedge \omega' - \omega \wedge d\omega'$$

が成立している．

(iii) については，上の補題と 2.5 節の grad, rot, div の合成定理 (p.26) により

$$d(df) = d\omega_{\mathrm{grad}\, f} = \eta_{\mathrm{rot\,grad}\, f} = \eta_0 = 0$$
$$d(d\omega_{\boldsymbol{F}}) = d(\eta_{\mathrm{rot}\,\boldsymbol{F}}) = (\mathrm{div}\,\mathrm{rot}\,\boldsymbol{F})dV = 0dV = 0$$

となり，成り立つ．

(2) だが，関数については条件 [0] そのものである．1-形式 $\omega = f_1dx + f_2dy + f_3dz$ について，

$$\begin{aligned}
d\omega &= d(f_1dx + f_2dy + f_3dz) \\
&= d(f_1dx) + d(f_2dy) + d(f_3dz) &&\text{(条件 (i))} \\
&= (df_1 \wedge dx + f_1d(dx)) + (df_2 \wedge dy + f_2d(dy)) + (df_3 \wedge dz + f_3d(dz)) &&\text{(条件 (ii))} \\
&= df_1 \wedge dx + df_2 \wedge dy + df_3 \wedge dz &&\text{(条件 (iii))}
\end{aligned}$$

となる．2-形式についても同様である． □

例題

$$\omega_1 = dx + g(x,y,z)dy + h(x,y,z)dz, \quad \omega_2 = -dy + dz$$

とする．ただし，$g(x,y,z), h(x,y,z)$ は C^∞ 級関数とする．
(ⅰ) $d\omega_1$, $d\omega_2$, および $\omega_1 \wedge \omega_2$ を計算せよ．
(ⅱ) 2 次微分形式

$$\eta = f(x,y,z)dy \wedge dz - dz \wedge dx - dx \wedge dy$$

に対して，$\eta = \tilde{\omega}_1 \wedge \tilde{\omega}_2$ が成り立つような 1 次微分形式 $\tilde{\omega}_1, \tilde{\omega}_2$ を求めよ．ただし，$f(x,y,z)$ は C^∞ 級関数とする．

解答 (ⅰ) $d\omega_1 = (-g_z + h_y)dy \wedge dz - h_x dz \wedge dx + g_x dx \wedge dy$, $d\omega_2 = 0$ となる．また，

$$\omega_1 \wedge \omega_2 = (dx + g(x,y,z)dy + h(x,y,z)dz) \wedge (-dy + dz)$$
$$= (g+h)dy \wedge dz - dz \wedge dx - dx \wedge dy$$

である．

(ⅱ) $\tilde{\omega}_1, \tilde{\omega}_2$ として，上記の ω_1, ω_2 の形の微分形式を考える．$\eta = \omega_1 \wedge \omega_2$, すなわち，

$$fdy \wedge dz - dz \wedge dx - dx \wedge dy = (g+h)dy \wedge dz - dz \wedge dx - dx \wedge dy$$

を解くと，$f = g + h$ だから，たとえば

$$\omega_1 = dx + f(x,y,z)dy, \quad \omega_2 = -dy + dz$$

とおけばよい． □

注意 一般のユークリッド空間 $\mathbf{R}^n$ の開集合 U に対しても，U 上定義された p 次微分形式とその全体 $A^p(U)(p = 0, 1, \ldots, n)$ が定義される．

8.4 微分形式の引き戻し

線積分 $\int_C \boldsymbol{F} \cdot d\boldsymbol{r}$，面積分 $\int_S \boldsymbol{F} \cdot d\boldsymbol{A}$ においては積分領域を含む 3 次元の領域で定義されたベクトル場 $\boldsymbol{F}$ は，C や S とは直接結び付いてはいなかった．そこで，被積分関数を分離して微分形式とした訳だが，積分記号下では微分形式

を積分領域に制限して考えている．"制限" という操作を整理するのがこの節の目的である．

以下では，C^∞ 写像 $\phi : U \to \Omega$ に対して，微分形式 $\omega \in A^p(\Omega)$ の **引き戻し** (pull-back) $\phi^*\omega \in A^p(U)$ を考える．ここで，$U \subset \mathbf{R}^n$, $\Omega \subset \mathbf{R}^m$ ($n, m = 1, 2, 3$) はユークリッド空間の開集合とする．特に，$\Omega = \mathbf{R}^m$ ($m = 1, 2, 3$) の場合に包含写像 $i : U \hookrightarrow \mathbf{R}^m$ を考えると，$n = 1, 2, 3$ の応じて曲線，曲面への引き戻し，座標変換を考えることになる．

引き戻し

[1] 関数 $f \in A^0(\Omega)$ の引き戻しを
$$\phi^* f := f \circ \phi \quad (= f \text{ と } \phi \text{ の合成 } = f \text{ への } \phi \text{ の代入})$$
と定義する．

[2] 引き戻し $\phi^* : A^p(\Omega) \to A^p(U)$ ($p = 0, 1, 2, 3$) が外積を保つとは，
$$\phi^*(\omega \wedge \omega') = \phi^*(\omega) \wedge \phi^*(\omega') \quad (\forall \omega \in A^p(\Omega), \omega' \in A^q(\Omega))$$
が成立すること．

[3] 引き戻し $\phi^* : A^p(\Omega) \to A^p(U)$ が外微分を保つとは，
$$\phi^*(d\omega) = d(\phi^*(\omega)) \quad (\forall \omega \in A^p(\Omega))$$
が成立すること．

命題 (**引き戻しの一意性**) 上記の3条件を満たす線形写像 (引き戻し)
$$\phi^* : A^p(\Omega) \to A^p(U) \quad (p = 0, 1, 2, 3)$$
は一意に決まる．特に，$\phi^*(df) = d(f \circ \phi)$ ($f \in A^0(\Omega)$) が成り立つ．

証明 0-形式の引き戻しは [1] で定まっている．1-形式 $\omega = f_1 dx + f_2 dy + f_3 dz$ の引き戻しは
$$\begin{aligned}
\phi^*(\omega) &= \phi^*(f_1 dx) + \phi^*(f_2 dy) + \phi^*(f_3 dz) & \text{(線形性)} \\
&= \phi^*(f_1)\phi^*(dx) + \phi^*(f_2)\phi^*(dy) + \phi^*(f_3)\phi^*(dz) & \text{(条件 [2])} \\
&= \phi^*(f_1) d\phi^*(x) + \phi^*(f_2) d\phi^*(y) + \phi^*(f_3) d\phi^*(z) & \text{(条件 [3])}
\end{aligned}$$
により定まっている．2-形式についても同様である． □

例題 次に定める写像 φ を考える：
$$\varphi : \mathbf{R}^2 \to \mathbf{R}^3 \,;\, (x,y) \mapsto \varphi(x,y) = (x, y, f(x,y)), \quad f(x,y) = \sqrt{x^2 + y^2}$$

このとき，写像 φ による引き戻し $\varphi^*(dx), \varphi^*(dy), \varphi^*(dz)$ および $\varphi^*(dy \wedge dz), \varphi^*(dz \wedge dx)$ を計算せよ．

解答 $\varphi^*(dx) = dx, \; \varphi^*(dy) = dy, \; \varphi^*(dz) = d(z \circ \varphi) = df = f_x dx + f_y dy$ である．ここで，$f_x = \dfrac{\partial f}{\partial x} = \dfrac{x}{z}, f_y = \dfrac{\partial f}{\partial y} = \dfrac{y}{z}, z = \sqrt{x^2+y^2}$ である．ゆえに，
$$\varphi^*(dx) = dx, \quad \varphi^*(dy) = dy, \quad \varphi^*(dz) = \frac{1}{\sqrt{x^2+y^2}}(xdx + ydy)$$
である．また，
$$\varphi^*(dy \wedge dz) = \varphi^*(dy) \wedge \varphi^*(dz) = dy \wedge (f_x dx + f_y dy)$$
$$= f_x dy \wedge dx = -f_x dx \wedge dy = -\frac{x}{\sqrt{x^2+y^2}} dx \wedge dy$$
$$\varphi^*(dz \wedge dx) = -f_y dx \wedge dy = -\frac{y}{\sqrt{x^2+y^2}} dx \wedge dy$$
となる． □

8.5 微分形式の積分とストークスの定理

線積分，面積分の被積分関数が 1 次，2 次微分形式として理解されたので，微分形式の積分はごく自然に定義される．ストークスの公式，ガウスの公式は一般次元における**ストークス (Stokes) の定理**として統一される．

微分形式の積分
(1) 1-形式 $\omega_{\bm{F}} \in A^1(\Omega)$ の微分形式の向きの付いた曲線 $C \subset \Omega$ に沿っての積分を
$$\int_C \omega_{\bm{F}} := \int_C \bm{F} \cdot d\bm{r}$$
と定義する．
(2) 2-形式 $\eta_{\bm{G}} \in A^2(\Omega)$ の微分形式の向きの付いた曲面 $S \subset \Omega$ に沿っての積分を

$$\int_S \eta_{\boldsymbol{G}} := \int_S \boldsymbol{G} \cdot d\boldsymbol{A}$$

と定義する.

(3) 3-形式 $hdV \in A^3(\Omega)$ の微分形式の Ω 上の積分を

$$\int_\Omega hdV := \int_\Omega hdxdydz$$

と定義する.

ベクトル場の線積分 (接線方向積分), 面積分 (流束積分) の定義は, パラメータ表示に基づくものであった. それゆえ, 次の命題はほぼ自明である:

命題 (**積分領域と引き戻し**) 1-形式 $\omega \in A^1(\Omega)$ と曲線 $C \subset \Omega$ のパラメータ表示 $\phi = \boldsymbol{r} : [a,b] \to \Omega$ について,

$$\int_C \omega = \int_{[a,b]} \phi^*\omega$$

が成り立つ.

2-形式 $\eta \in A^2(\Omega)$ と曲面 $S \subset \Omega$ のパラメータ表示 $\varphi = \boldsymbol{x} : D \to \Omega$ について,

$$\int_S \eta = \int_D \varphi^*\eta$$

が成り立つ.

証明 1-形式 $\omega = f_1 dx + f_2 dy + f_3 dz$ の $\phi = \boldsymbol{r}(t) = (x(t), y(t), z(t))$ による引き戻しは

$$\begin{aligned}
\phi^*\omega &= \phi^*(f_1)\phi^*(dx) + \phi^*(f_2)\phi^*(dy) + \phi^*(f_3)\phi^*(dz) \\
&= (f_1 \circ \phi)dx(t) + (f_2 \circ \phi)dy(t) + (f_3 \circ \phi)dz(t) \\
&= f_1(\boldsymbol{r}(t))\frac{dx}{dt}dt + f_2(\boldsymbol{r}(t))\frac{dy}{dt}dt + f_3(\boldsymbol{r}(t))\frac{dz}{dt}dt = \boldsymbol{F}(\boldsymbol{r}(t)) \cdot \frac{d\boldsymbol{r}}{dt}dt
\end{aligned}$$

これは $\boldsymbol{F} \cdot d\boldsymbol{r}$ に他ならない. 積分記号 $\int_C$ の下では, $\omega_{\boldsymbol{F}} = f_1 dx + f_2 dy + f_3 dz$ は曲線 C に引き戻された (制限された) と考えるべきことが示唆されている.

2-形式 $\eta = g_1 dy \wedge dz + g_2 dz \wedge dx + g_3 dx \wedge dy$ についても, $\varphi(u,v) = \boldsymbol{x}(u,v) = (x(u,v), y(u,v), z(u,v))$ として

$$\varphi^*\eta = \varphi^*(g_1)\varphi^*(dy \wedge dz) + \varphi^*(g_2)\varphi^*(dz \wedge dx) + \varphi^*(g_3)\varphi^*(dx \wedge dy)$$

8.5 微分形式の積分とストークスの定理

$$= (g_1 \circ \varphi)dy(u,v) \wedge dz(u,v) + (g_2 \circ \varphi)dz(u,v) \wedge dx(u,v)$$
$$+ (g_3 \circ \varphi)dx(u,v) \wedge dy(u,v)$$

となる．ここで，

$$dy(u,v) \wedge dz(u,v) = \left(\frac{\partial y}{\partial u}du + \frac{\partial y}{\partial v}dv\right) \wedge \left(\frac{\partial z}{\partial u}du + \frac{\partial z}{\partial v}dv\right)$$
$$= \left(\frac{\partial y}{\partial u}\frac{\partial z}{\partial v} - \frac{\partial y}{\partial v}\frac{\partial z}{\partial u}\right)du \wedge dv$$

に注意すれば，$\boldsymbol{G} = {}^t[g_1, g_2, g_3]$ として

$$\varphi^* \eta_{\boldsymbol{G}} = \boldsymbol{G}(\boldsymbol{x}(u,v)) \cdot \left(\frac{\partial \boldsymbol{x}}{\partial u} \times \frac{\partial \boldsymbol{x}}{\partial v}\right) du \wedge dv = \boldsymbol{G} \cdot d\boldsymbol{A}$$

となる．1-形式のときと同じく，積分記号 $\int_S$ の下の $\eta_{\boldsymbol{G}}$ は曲面 S に引き戻された (制限された) と考えるべきである． □

定理 (**ストークスの定理**) ストークスの公式とガウスの公式は，1-形式 $\omega \in A^1(\Omega)$ と 2-形式 $\eta \in A^2(\Omega)$ についての次の公式に他ならない：

$$\int_{\partial S} \omega = \int_S d\omega, \quad \int_{\partial \Omega} \eta = \int_\Omega d\eta$$

0-形式，すなわち関数 f についても

$$\int_{\partial C} f = \int_C df$$

という公式が成り立つ (微積分の基本定理)．

証明 実際，1-形式 $\omega_{\boldsymbol{F}}$ について，

$$\int_{\partial S} \omega_{\boldsymbol{F}} = \int_{\partial S} \boldsymbol{F} \cdot d\boldsymbol{r}, \quad \int_S d\omega_{\boldsymbol{F}} = \int_S \eta_{\mathrm{rot}\,\boldsymbol{F}} = \int_S (\mathrm{rot}\,\boldsymbol{F}) \cdot d\boldsymbol{A}$$

であるから，上記の等式はストークスの公式である．2-形式 $\eta_{\boldsymbol{G}}$ についても同様に，

$$\int_{\partial \Omega} \eta_{\boldsymbol{G}} = \int_{\partial \Omega} \boldsymbol{G} \cdot d\boldsymbol{A}, \quad \int_\Omega d\eta_{\boldsymbol{G}} = \int_\Omega (\mathrm{div}\,\boldsymbol{G})dV$$

ゆえ，上記の等式はガウスの公式である．

また，パラメータ表示 $\boldsymbol{r} : [a,b] \to C$ をもつ曲線について

$$\int_{\partial C} f = \int_{b-a} f(\boldsymbol{r}(t)) = f(\boldsymbol{r}(b)) - f(\boldsymbol{r}(a)),$$

$$\int_C df = \int_C \omega_{\mathrm{grad}\,f} = \int_C \mathrm{grad}\,f \cdot d\boldsymbol{r}$$

ゆえ，3.5 節の勾配ベクトル場の線積分の話に帰着する． □

一般の次元のユークリッド空間の開集合上の微分形式について同様の公式が成り立ち，やはりストークスの定理と呼ばれる．

> ★ **Hodgepodge**　　調和関数 その2
>
> 「調和関数その1」(p.27) では，正則関数 $f(z)$ の実部 $u(x,y)$ は $\dfrac{\partial^2 u}{\partial x^2} + \dfrac{\partial^2 u}{\partial y^2} = 0$ を満たすこと，すなわち調和関数であることを述べた．
>
> 実はその逆の事実，単連結な領域において調和関数 $p(x,y)$ はある正則関数 $f(z)$ の実部となること，を説明しよう．$\dfrac{\partial p}{\partial x}$ と $-\dfrac{\partial p}{\partial y}$ は
>
> $$\frac{\partial}{\partial x}\left(\frac{\partial p}{\partial x}\right) = \frac{\partial}{\partial y}\left(-\frac{\partial p}{\partial y}\right), \quad \frac{\partial}{\partial y}\left(\frac{\partial p}{\partial x}\right) = -\frac{\partial}{\partial x}\left(-\frac{\partial p}{\partial y}\right)$$
>
> とコーシー-リーマンの関係式を満たすので，$g(z) = \dfrac{\partial p}{\partial x} - i\dfrac{\partial p}{\partial y}$ は正則関数である．この $g(z)$ に対し，$g(z) = \dfrac{\partial f(z)}{\partial z}$ を満たす正則関数 $f(z)$ が存在する．実際，線積分
>
> $$f(z) = \int_{z_0}^z g(z)dz \qquad (dz = dx + idy)$$
>
> を考えると，これは z_0 から z までの道のとり方によらずに決まることがコーシーの積分定理から分かり，関数 $f(z)$ が $g(z)$ の原始関数であることが微積分の基本定理から分かる．また，$f(z)$ は微分可能なので正則である．
>
> これを (複素数値の) 微分形式を使って説明しよう．
>
> $$\omega = g(z)dz = \left(\frac{\partial p}{\partial x} - i\frac{\partial p}{\partial y}\right)(dx + idy) = \left(\frac{\partial p}{\partial x} - i\frac{\partial p}{\partial y}\right)dx + \left(\frac{\partial p}{\partial y} + i\frac{\partial p}{\partial x}\right)dy$$
>
> は $d\omega = 0$ を満たす．実際，p が調和関数であることから
>
> $$\frac{\partial}{\partial y} g(z) dy \wedge dx + i\frac{\partial}{\partial x} g(z) dx \wedge dy$$

$$= \left(-\frac{\partial}{\partial y}g(z) + i\frac{\partial}{\partial x}g(z)\right) dx \wedge dy$$
$$= \left(-\frac{\partial^2 p}{\partial y \partial x} + i\frac{\partial^2 p}{\partial y^2} + i\frac{\partial^2 p}{\partial x^2} + \frac{\partial^2 p}{\partial x \partial y}\right) dx \wedge dy = 0$$

である．したがって，ポアンカレの補題（8.6 節）により
$$\omega = d\big(u(x,y) + iv(x,y)\big)$$
なる関数 $u(x,y), v(x,y)$ が存在する．

$$d\big(u(x,y) + iv(x,y)\big) = \left(\frac{\partial u}{\partial x} + i\frac{\partial v}{\partial x}\right) dx + \left(\frac{\partial u}{\partial y} + i\frac{\partial v}{\partial y}\right) dy$$

ゆえ，
$$\frac{\partial p}{\partial x} = \frac{\partial u}{\partial x}, \quad -\frac{\partial p}{\partial y} = \frac{\partial v}{\partial x}, \quad \frac{\partial p}{\partial y} = \frac{\partial u}{\partial y}, \quad \frac{\partial p}{\partial x} = \frac{\partial v}{\partial y}$$

であるから，関数 u, v に対するコーシー-リーマンの関係式が導かれる．したがって，$f(z) = u(x,y) + iv(x,y)$ は正則であり，関数 p と u は定数の差の違いしかないことが分かる．

8.6 ポテンシャル

この節では，原始関数の拡張に当たるポテンシャルの存在を調べる．ポテンシャルの存在は，微分形式の存在領域の性質と結び付いている．

> **定理** （スカラーポテンシャルの存在） Ω を 3 次元の可縮な領域（特に $\mathbf{R}^3$）として，$\boldsymbol{F} = {}^t[f_1, f_2, f_3]$ を Ω で定義された C^1 級のベクトル場とする．このとき，次の条件は互いに同値である：
> (i) Ω 内の任意の単純閉曲線 C に対して，$\displaystyle\int_C \boldsymbol{F} \cdot d\boldsymbol{r} = 0$ が成り立つ．
> (i') Ω 内の始点と終点を同じくする曲線 C_1, C_2 に対して，
> $\displaystyle\int_{C_1} \boldsymbol{F} \cdot d\boldsymbol{r} = \int_{C_2} \boldsymbol{F} \cdot d\boldsymbol{r}$ が成り立つ．
> (ii) Ω で定義された C^2 級の関数 ϕ が存在して $\boldsymbol{F} = \operatorname{grad}\phi$ が成り立つ．
> (iii) $\operatorname{rot} \boldsymbol{F} = 0$.

ユークリッド空間 $\mathbf{R}^n$ のように，空間全体が連続的に 1 点に収縮させられる領域を**可縮**という．たとえば，図のような領域 (星型領域) は可縮である：

証明 (ii) $\Rightarrow$ (iii) 2.5 節の定理の (1) により成り立つことがいえる．

(iii) $\Rightarrow$ (i) 単純閉曲線 C で囲まれる曲面 S と $\boldsymbol{F}$ にストークスの公式を適用していえる．

(i) $\Rightarrow$ (i′) C 上に 2 点 (始点と終点) を選ぶと $C = C_1 + \overline{C_2}$ と分けることができるし，逆に互いに交わらない C_1, C_2 について $C_1 + \overline{C_2}$ を C とおくと単純閉曲線になる．$\int_{C_1+\overline{C_2}} = \int_{C_1} - \int_{C_2}$ が成り立つから，(i) と (i′) の同値性がいえる．

(i′) $\Rightarrow$ (ii) $(x, y, z) \in \Omega$ を選ぶ．必要ならば平行移動・回転・スカラー倍をして，Ω 内に次の曲線 C_1, C_2, C_3 が選べると仮定する：

$$C_1 : \boldsymbol{r}(t) = {}^t[t, 0, 0] \quad (0 \leqq t \leqq x)$$
$$C_2 : \boldsymbol{r}(t) = {}^t[x, t, 0] \quad (0 \leqq t \leqq y)$$
$$C_3 : \boldsymbol{r}(t) = {}^t[x, y, t] \quad (0 \leqq t \leqq z)$$

そして，

$$\phi(x,y,z) = \int_{C_1+C_2+C_3} \boldsymbol{F} \cdot d\boldsymbol{r} = \int_0^x f_1(t,0,0)dt + \int_0^y f_2(x,t,0)dt + \int_0^z f_3(x,y,t)dt$$

とおく．すると，

$$\frac{\partial \phi}{\partial z} = f_3(x, y, z)$$

はこの定義から直ちに分かる．仮定から曲線を

$$C_1' : \boldsymbol{r}(t) = {}^t[t, 0, 0] \quad (0 \leqq t \leqq x)$$
$$C_2' : \boldsymbol{r}(t) = {}^t[x, 0, t] \quad (0 \leqq t \leqq z)$$
$$C_3' : \boldsymbol{r}(t) = {}^t[x, t, z] \quad (0 \leqq t \leqq y)$$

のように選べば $\dfrac{\partial \phi}{\partial y} = f_2(x, y, z)$ がいえ，同様に $\dfrac{\partial \phi}{\partial x} = f_1(x, y, z)$ も示せる． □

定理 (**ベクトルポテンシャルの存在**) Ω を 3 次元の可縮な領域 (特に $\mathbf{R}^3$) として，$\boldsymbol{F}$ を C^1 級のベクトル場とする．$\mathrm{div}\, \boldsymbol{F} = 0$ が満たされるとき，条件 $\boldsymbol{F} = \mathrm{rot}\, \boldsymbol{A}$ が成り立つようなベクトル場 $\boldsymbol{A}$ が存在する．

8.6 ポテンシャル

証明 $\boldsymbol{F} = {}^t[f_1, f_2, f_3]$ として，まず f_2, f_3 の変数 x に関する原始関数を g_2, g_3 とする：

$$\frac{\partial g_2}{\partial x} = f_2, \quad \frac{\partial g_3}{\partial x} = f_3$$

$\boldsymbol{G} = {}^t[0, g_3, -g_2]$ とおくと，$\mathrm{rot}\, \boldsymbol{G} = {}^t\left[-\dfrac{\partial g_2}{\partial y} - \dfrac{\partial g_3}{\partial z},\ \dfrac{\partial g_2}{\partial x},\ \dfrac{\partial g_3}{\partial x}\right]$ となる．

$\tilde{\boldsymbol{F}} = \boldsymbol{F} - \mathrm{rot}\,\boldsymbol{G} = {}^t\left[f_1 + \dfrac{\partial g_2}{\partial y} + \dfrac{\partial g_3}{\partial z},\ 0,\ 0\right]$ とおく．仮定により，

$$\mathrm{div}\,\tilde{\boldsymbol{F}} = \mathrm{div}\,\boldsymbol{F} - \mathrm{div}(\mathrm{rot}\,\boldsymbol{G}) = 0 - 0 = 0, \quad i.e.\ \frac{\partial}{\partial x}\left(f_1 + \frac{\partial g_2}{\partial y} + \frac{\partial g_3}{\partial z}\right) = 0$$

そこで，関数 h を

$$\frac{\partial h}{\partial y} = f_1 + \frac{\partial g_2}{\partial y} + \frac{\partial g_3}{\partial z}, \quad \frac{\partial h}{\partial x} = 0$$

となるように選ぶ．このとき，$\boldsymbol{H} = {}^t[0, 0, h]$ は $\mathrm{rot}\,\boldsymbol{H} = {}^t\left[\dfrac{\partial h}{\partial y},\ -\dfrac{\partial h}{\partial x},\ 0\right] = \tilde{\boldsymbol{F}}$ を満たす．そこで，$\boldsymbol{A} = \boldsymbol{G} + \boldsymbol{H} = {}^t[0, g_3, h - g_2]$ とおけば $\mathrm{rot}\,\boldsymbol{A} = \boldsymbol{F}$ が成り立つ． □

上記の 2 つの定理は，それぞれ**スカラーポテンシャル**，**ベクトルポテンシャル**の存在を保証する定理である．これらを一般化するのが次の**ポアンカレ (Poincaré) の補題**と呼ばれる定理である．

定理 (**ポアンカレの補題**) Ω を n 次元の可縮な領域とする (特に $\mathbf{R}^n$．とりあえず $n = 2, 3$ とするが，一般の n でよい)．

$\omega \in A^p(\Omega)$ が $d\omega = 0$ を満たすとする．そのとき，$\omega = d\eta$ が成り立つような $\eta \in A^{p-1}(\Omega)$ が存在する．

ベクトル場の言葉では，$p = 1$ のとき次を満たすポテンシャル (関数 $f = \eta$) の存在

$$\boldsymbol{F} = \mathrm{grad}\, f, \quad (\omega =)\, \omega_{\boldsymbol{F}} = df$$

を意味し，$p = 2$ のとき次を満たすベクトルポテンシャル $(\boldsymbol{F}, \omega_{\boldsymbol{F}} = \eta)$ の存在

$$\boldsymbol{G} = \mathrm{rot}\,\boldsymbol{F}, \quad (\omega =)\, \eta_{\boldsymbol{G}} = d\omega_{\boldsymbol{F}}$$

を意味する．

定理 (ヘルムホルツ (Helmholtz) の定理)

Ω を有界で可縮な領域とする．

Ω 上の C^2 級のベクトル場 $\boldsymbol{F}$ に対して，$\boldsymbol{F} = \operatorname{grad}\phi + \operatorname{rot}\boldsymbol{A}$ が成り立つような C^3 級の関数 ϕ とベクトル場 $\boldsymbol{A}$ が存在する．

証明
$\boldsymbol{F} = \operatorname{grad}\phi + \operatorname{rot}\boldsymbol{A}$ が成り立つような関数 ϕ とベクトル場 $\boldsymbol{G}$ が存在したとすると，$\operatorname{div}(\operatorname{rot}\boldsymbol{A}) = 0$ ゆえ $\operatorname{div}\boldsymbol{F} = \operatorname{div}(\operatorname{grad}\phi) + \operatorname{div}(\operatorname{rot}\boldsymbol{A}) = \Delta\phi$ となる．そこで，$f = \operatorname{div}\boldsymbol{F}$ とおいてポアッソン方程式

$$\Delta\phi = f$$

を解くことを考える．関数 $\phi(\boldsymbol{x}) = \displaystyle\int_\Omega \frac{f(\boldsymbol{x})}{|\boldsymbol{x}-\boldsymbol{u}|} du dv dw$ $(\boldsymbol{u} = {}^t[u,v,w])$ がポアッソン方程式の解を与えることが分かる．このポアッソン方程式の解を上記の形の積分 (たたみ込み (convolution)) で構成することについては，偏微分方程式の教科書等を参照せよ．

そこで，$\boldsymbol{G} = \boldsymbol{F} - \operatorname{grad}\phi$ とおくと

$$\operatorname{div}\boldsymbol{G} = \operatorname{div}\boldsymbol{F} - \operatorname{div}(\operatorname{grad}\phi) = f - \Delta\phi = 0$$

となるから，ベクトルポテンシャルの存在定理 (p.128) あるいはポアンカレの補題 (p.129) により $\operatorname{rot}\boldsymbol{A} = \boldsymbol{G}$ を満たすベクトル場 $\boldsymbol{A}$ が存在する．すると $\operatorname{rot}\boldsymbol{A} = \boldsymbol{F} - \operatorname{grad}\phi$ が満たされるが，これが示したい式であった． □

◆問　ベクトル場 $\boldsymbol{F}$ であって，$\boldsymbol{F} = \operatorname{grad}\phi = \operatorname{rot}\boldsymbol{A}$ と表せるものを見つけよ．

★ Hodgepodge ★　　ポアンカレ

Poincaré, Jules-Henri (1854–1912)

ナンシー (フランス) で生まれ，1873 年にエコール・ポリテクニク (理工科学校) で入学し，1879 年までパリ国立高等鉱業学校で研究を続け，1879 年に微分方程式の研究で数学の博士となる．

解析学やその物理学への応用 (数理物理学，天体力学など) を中心にして数学の広い分野で研究をした．

位相幾何学を創始する．1904 年に「単連結な 3 次元

閉多様体は 3 次元球面に同相であろう」という**ポアンカレ予想**を提出した．クレイ・ミレニアム問題の一つで未解決だが，2002 年のペレルマンの研究で解決に大きく近づいたと期待されている．

兄のレイモン・ポアンカレはフランス大統領 (1913–1917) を勤めた．ポアンカレには「科学と仮説」，「科学の価値」，「科学と方法」等の非専門家に向けた著作がある．

「唯一の客観的実在，われわれが到達しうる唯一の真理は，したがって，この調和なのである．ここで世界の普遍的調和が，また，あらゆる美の根源であることを付け加えて言っておこう．」(「科学の価値」)

★ **Hodgepodge** ★　　微分形式の歴史

微分形式を導入したのは，フランスのエリー・カルタン (1869–1951) である．

1890 年代後半，カルタンは，線分要素，面積要素，体積要素が満たす計算法則がグラスマンの外積であること，積分の変数変換の公式が自然に導かれることを確認した．さらに，外微分を導入して勾配，回転，発散が統一的に理解できることを示した．

ストークスの公式，ガウスの公式の一般の次元での拡張 (一般化されたストークスの定理) と，閉じた微分形式が完全微分形式であるという事実

$$d\omega = 0 \quad \Rightarrow \quad \omega = d\eta \text{ なる } \eta \text{ が存在する}$$

(ポアンカレの補題) は，1889 年ヴォルテラ (1860–1940) により初めて論じ証明された．

一般化されたストークスの定理を，1917 年，グルサ (1858–1936) は微分形式を用いて

$$\int_{\partial \sigma} \omega = \int_{\sigma} d\omega$$

の形に述べた．また，ポアンカレの補題も微分形式を使い表現した．

1922 年，カルタンはポアンカレの補題が成立するためには，領域に条件が必要であることを示した．その後，微分形式による位相不変量 (ド-ラム・コホモロジー) の進展により，大域解析学として完成した．

★ Hodgepodge ★ 　　エリー・カルタン

Cartan, Elie (1869–1951)

アルプス近くに生まれたカルタンは，1888年パリのエコール・ノルマル (高等師範学校) で学び，モンペリエ，リヨン，ナンシーの大学で教えた後，1909年からパリ大学で教えた．

連続群に付随するリー代数の分類，グラスマンの外積代数を幾何学に移植し，微分形式を用いて，微分幾何学や偏微分方程式に応用した．1913年には**スピノル** (p.136 の Hodgepodge 参照) を発見している．1945年には「外微分方程式系とその幾何的応用」を出版した．

息子の一人アンリ・カルタン (1904–2008) は，岡潔 (1901–1978) とともに多変数の複素解析関数論を層とコホモロジーを応用して発展させ，20世紀後半の数学の発展に大いに寄与した．

■ 8.7　マクスウェルの方程式と4次元の微分形式

4次元空間 $\mathbf{R}^4$ 上の**微分形式**を使い，電磁気学の基本方程式であるマクスウェルの方程式を表現してみよう．

$\mathbf{R}^4$ の座標は (x_1, x_2, x_3, t) とする．3次元空間と同様に，p 次微分形式は次で与えられる．ここで $\Omega \subset \mathbf{R}^4$ である．

p	p 次微分形式	係数
$p=0$	f	$f \in C^\infty(\Omega)$
$p=1$	$f_1 dx_1 + f_2 dx_2 + f_3 dx_3 + f_4 dt$	$f_i \in C^\infty(\Omega)$
$p=2$	$f_1 dx_2 \wedge dx_3 + f_2 dx_3 \wedge dx_1 + f_3 dx_1 \wedge dx_2$ $+ g_1 dx_1 \wedge dt + g_2 dx_2 \wedge dt + g_3 dx_3 \wedge dt$	$f_i, g_i \in C^\infty(\Omega)$
$p=3$	$h_1 dx_2 \wedge dx_3 \wedge dt + h_2 dx_3 \wedge dx_1 \wedge dt$ $+ h_3 dx_1 \wedge dx_2 \wedge dt + h_4 dx_1 \wedge dx_2 \wedge dx_3$	$h_i \in C^\infty(\Omega)$
$p=4$	$h\, dx_1 \wedge dx_2 \wedge dx_3 \wedge dt$	$h \in C^\infty(\Omega)$

外微分もライプニッツの法則が成り立つように自然に定められる．

8.7 マクスウェルの方程式と4次元の微分形式

$\boldsymbol{E} = {}^t[E_1, E_2, E_3]$ を電界（電場），$\boldsymbol{B} = {}^t[B_1, B_2, B_3]$ を磁束密度とする．
2次微分形式

$$\eta = B_1 dx_2 \wedge dx_3 + B_2 dx_3 \wedge dx_1 + B_3 dx_1 \wedge dx_2$$
$$+ E_1 dx_1 \wedge dt + E_2 dx_2 \wedge dt + E_3 dx_3 \wedge dt$$

を考えると，マクスウェルの方程式の2式

$$\operatorname{rot} \boldsymbol{E} = -\frac{\partial}{\partial t}\boldsymbol{B}, \quad \operatorname{div} \boldsymbol{B} = 0$$

が η の (4次元での) 外微分を使って表現できることを示そう．そのためにまず4次元での微分形式の外微分を計算しておこう．

[準備]

関数 $f = f(x_1, x_2, x_3, t)$ の全微分は

$$df = d_{sp} f + d_t f, \quad d_{sp} f = \frac{\partial f}{\partial x_1} dx_1 + \frac{\partial f}{\partial x_2} dx_2 + \frac{\partial f}{\partial x_3} dx_3, \quad d_t f = \frac{\partial f}{\partial t} dt$$

と分けることができる．

$\mathbf{R}^4$ 上の $\mathbf{R}^3$ に値をとるベクトル場 $\boldsymbol{F} = {}^t[f_1, f_2, f_3]$, $\boldsymbol{G} = {}^t[g_1, g_2, g_3]$ に対して，

$$\omega_{\boldsymbol{F}} := f_1 dx_1 + f_2 dx_2 + f_3 dx_3,$$
$$\eta_{\boldsymbol{G}} := g_1 dx_2 \wedge dx_3 + g_2 dx_3 \wedge dx_1 + g_3 dx_1 \wedge dx_2$$

とおくと，以下の諸式が成り立つ：

(a) $df = \omega_{\operatorname{grad} f} + \dfrac{\partial f}{\partial t} dt$.

(b) $d\omega_{\boldsymbol{F}} = \eta_{\operatorname{rot} \boldsymbol{F}} + dt \wedge \omega_{\partial \boldsymbol{F}/\partial t}$.

(c) $d\eta_{\boldsymbol{G}} = (\operatorname{div} \boldsymbol{G}) dV + dt \wedge \eta_{\partial \boldsymbol{G}/\partial t}$.
ここで，$dV = dx_1 \wedge dx_2 \wedge dx_3$ とおいた． [準備終]

(i) 次は同値な条件となる.

$$\operatorname{rot} \boldsymbol{E} = -\frac{\partial}{\partial t}\boldsymbol{B}, \ \operatorname{div} \boldsymbol{B} = 0 \iff d\eta = 0$$

この (i) を示そう. [準備] の記号を用いると, $\eta = \eta_{\boldsymbol{B}} + \omega_{\boldsymbol{E}} \wedge dt$ なので,

$$\begin{aligned}
d\eta &= d\eta_{\boldsymbol{B}} + d(\omega_{\boldsymbol{E}} \wedge dt) = (\operatorname{div} \boldsymbol{B})dV + dt \wedge \eta_{\partial \boldsymbol{B}/\partial t} + d\omega_{\boldsymbol{E}} \wedge dt \\
&= (\operatorname{div} \boldsymbol{B})dV + dt \wedge \eta_{\partial \boldsymbol{B}/\partial t} + \eta_{\operatorname{rot} \boldsymbol{E}} \wedge dt \\
&= (\operatorname{div} \boldsymbol{B})dV + (\eta_{\partial \boldsymbol{B}/\partial t} + \eta_{\operatorname{rot} \boldsymbol{E}}) \wedge dt
\end{aligned}$$

となる. ここで, 2-形式 $\eta_{\partial \boldsymbol{B}/\partial t}$ は, dt と交換することを使った.

したがって,

$$\begin{aligned}
d\eta = 0 &\iff \operatorname{div} \boldsymbol{B} = 0, \ \eta_{\partial \boldsymbol{B}/\partial t} + \eta_{\operatorname{rot} \boldsymbol{E}} = \eta_{\partial \boldsymbol{B}/\partial t + \operatorname{rot} \boldsymbol{E}} = 0 \\
&\iff \operatorname{div} \boldsymbol{B} = 0, \ \frac{\partial \boldsymbol{B}}{\partial t} + \operatorname{rot} \boldsymbol{E} = 0
\end{aligned}$$

となる.

(i) の同値な条件が満たされるとき, (4 次元空間 $\mathbf{R}^4$ は単連結なので) ポアンカレの補題により

$$\eta = d\omega, \quad \omega = A_1 dx_1 + A_2 dx_2 + A_3 dx_3 - \varphi dt$$

なる 1 次微分形式 ω が存在する ($\boldsymbol{A} = {}^t[A_1, A_2, A_3]$, φ はそれぞれ**ベクトルポテンシャル**, **スカラーポテンシャル**と呼ばれる).

(ii) このとき, 条件 $\eta = d\omega$ を書き下すと, 次の等式になる:

$$\operatorname{rot} \boldsymbol{A} = \boldsymbol{B}, \quad \frac{\partial \boldsymbol{A}}{\partial t} + \operatorname{grad} \varphi = -\boldsymbol{E}$$

[準備] の記号を用いると, $\omega = \omega_{\boldsymbol{A}} - \varphi dt$ なので,

$$\begin{aligned}
d\omega &= d\omega_{\boldsymbol{A}} - d\varphi \wedge dt = \eta_{\operatorname{rot} \boldsymbol{A}} + dt \wedge \omega_{\partial \boldsymbol{A}/\partial t} - \omega_{\operatorname{grad} \varphi} \wedge dt \\
&= \eta_{\operatorname{rot} \boldsymbol{A}} - (\omega_{\partial \boldsymbol{A}/\partial t} + \omega_{\operatorname{grad} \varphi}) \wedge dt
\end{aligned}$$

となる. ここで, 1-形式 $\omega_{\operatorname{grad} \varphi}$ は, dt と反可換であることを使った.

したがって, 条件 $\eta = d\omega$ は上の等式に同値である.

8.7 マクスウェルの方程式と4次元の微分形式

(iii) 2次微分形式

$$\widetilde{\eta} = E_1 dx_2 \wedge dx_3 + E_2 dx_3 \wedge dx_1 + E_3 dx_1 \wedge dx_2$$
$$- c^2(B_1 dx_1 \wedge dt + B_2 dx_2 \wedge dt + B_3 dx_3 \wedge dt)$$

を考えると，(真空中では) 次は同値な条件となる:

$$c^2 \operatorname{rot} \boldsymbol{B} = \frac{\partial}{\partial t}\boldsymbol{E} + \frac{1}{\varepsilon_0}\boldsymbol{i}, \ \operatorname{div}\boldsymbol{E} = \frac{\rho}{\varepsilon_0} \quad \Longleftrightarrow$$

$$d\widetilde{\eta} = \frac{\rho}{\varepsilon_0} dx_1 \wedge dx_2 \wedge dx_3 - \frac{1}{\varepsilon_0}(i_1 dx_2 \wedge dx_3 + i_2 dx_3 \wedge dx_1 + i_3 dx_1 \wedge dx_2) \wedge dt$$

ただし，ρ は電荷密度，$\boldsymbol{i} = {}^t[i_1, i_2, i_3]$ は電流密度，ε_0 は真空中の誘電率，c は光速度である．

(i), (ii) と同様に，$\widetilde{\eta} = \eta_{\boldsymbol{E}} - c^2 \omega_{\boldsymbol{B}} \wedge dt$ なので，

$$d\widetilde{\eta} = d\eta_{\boldsymbol{E}} - (d\omega_{c^2\boldsymbol{B}}) \wedge dt = (\operatorname{div}\boldsymbol{E})dV + (\eta_{\partial \boldsymbol{E}/\partial t} - \eta_{c^2 \operatorname{rot}\boldsymbol{B}}) \wedge dt$$

となる．示すべき同値な条件のうち，右の条件は $d\widetilde{\eta} = \rho dV - \eta_{\boldsymbol{j}} \wedge dt$ であるので，同値性がいえた．

以上で示したことを，定理の形にまとめておこう:

> **定理** (微分形式によるマクスウェルの方程式の表示)
> $\boldsymbol{E} = {}^t[E_1, E_2, E_3]$, $\boldsymbol{B} = {}^t[B_1, B_2, B_3]$ を (x_1, x_2, x_3, t) 空間上の C^2 級ベクトル場とする．
> (i) 2次微分形式
>
> $$\eta = B_1 dx_2 \wedge dx_3 + B_2 dx_3 \wedge dx_1 + B_3 dx_1 \wedge dx_2$$
> $$+ E_1 dx_1 \wedge dt + E_2 dx_2 \wedge dt + E_3 dx_3 \wedge dt$$
>
> を考えると，次は同値な条件となる:
>
> $$\operatorname{rot}\boldsymbol{E} = -\frac{\partial}{\partial t}\boldsymbol{B}, \ \operatorname{div}\boldsymbol{B} = 0 \quad \Longleftrightarrow \quad d\eta = 0$$
>
> ($\boldsymbol{E}$ は電界(電場)，$\boldsymbol{B}$ は磁束密度である.)
> (i) の同値の条件が満たされるとき，
>
> $$\eta = d\omega, \qquad \omega = A_1 dx_1 + A_2 dx_2 + A_3 dx_3 - \varphi dt$$
>
> なる1次微分形式 ω が存在する ($\boldsymbol{A} = {}^t[A_1, A_2, A_3]$, φ はそれぞれベクトルポテンシャル，スカラーポテンシャルと呼ばれる).

(ii) このとき，条件 $\eta = d\omega$ を書き下すと，次の等式になる：
$$\operatorname{rot} \boldsymbol{A} = \boldsymbol{B}, \quad \frac{\partial \boldsymbol{A}}{\partial t} + \operatorname{grad} \varphi = -\boldsymbol{E}$$

(iii) 2次微分形式
$$\widetilde{\eta} = E_1 dx_2 \wedge dx_3 + E_2 dx_3 \wedge dx_1 + E_3 dx_1 \wedge dx_2$$
$$- c^2 (B_1 dx_1 \wedge dt - B_2 dx_2 \wedge dt - B_3 dx_3 \wedge dt)$$

を考えると，(真空中では) 次は同値な条件となる：

$$c^2 \operatorname{rot} \boldsymbol{B} = \frac{\partial}{\partial t}\boldsymbol{E} + \frac{1}{\varepsilon_0}\boldsymbol{i}, \ \operatorname{div} \boldsymbol{E} = \frac{\rho}{\varepsilon_0} \quad \Longleftrightarrow$$
$$d\widetilde{\eta} = \frac{\rho}{\varepsilon_0} dx_1 \wedge dx_2 \wedge dx_3 - \frac{1}{\varepsilon_0}(i_1 dx_2 \wedge dx_3 + i_2 dx_3 \wedge dx_1 + i_3 dx_1 \wedge dx_2) \wedge dt$$

(ここで，ρ は電荷密度，$\boldsymbol{i} = {}^t[i_1, i_2, i_3]$ は電流密度，ε_0 は真空中の誘電率，c は光速度である.)

注意 実は，ここでは導入しないが，ホッジ (Hodge) のスター作用素 $*$ で $\widetilde{\eta}$ と η は対応していて，マクスウェルの方程式をより簡潔な形に表示することができる．

★ Hodgepodge ★ スピンとスピノル

1924年，パウリ (1900–1958) は原子のスペクトルと周期律を説明するために電子のスピンを導入した．スピンを電子の自転により説明する試みは，回転速度が光速度より2桁大きくなるので排除された．1928年，ディラックは (特殊) 相対性理論の要請を満たす電子の波動方程式 (ディラック方程式 (p.139 の Hodgepodge 参照)) を導出し，その過程でスピンの状態を数学的に表現するためにスピノルなる概念が必要となった．「ベクトル表現とベクトル場」で説明した空間の対称性の観点から，3次元空間の1回転でちょうど半回転の変換性を示すような量がスピノルである．その全体をスピン表現ともいう．

Pauli, Wolfgang Ernst

8.7 マクスウェルの方程式と 4 次元の微分形式

　素粒子のスピンは，量子論固有の内部自由度であって，粒子の自転ではあり得ないが，"回転"という古典的な操作と密接な関係をもっている．電子のようなスピン 1/2 の粒子の状態は，それぞれ粒子と反粒子の 2 つのカイラリティを表す 4 成分スピノルで記述される．より数学的にいえば，ローレンツ変換の対称性が 3 次元空間の回転の対で表せるので，2 つのスピン表現の (テンソル) 積として 4 次元の表現空間で相対論的な電子・陽電子の波動関数が表現できる，ということである．

　3 次元回転に関するスピン表現を，**四元数**で説明してみよう．

　まず，「ベクトルの概念，ベクトルの記法」(2.6 節，p.34) で説明した通り，3 次元ベクトル ${}^t[b,c,d]$ を四元数 $bi + cj + dk$ と同一視する．

　長さ 1 のベクトル $\bm{u}$ を軸として回転角 θ の 3 次元での回転は，

$$q = q_{\theta,\bm{u}} = \cos\frac{\theta}{2} + \sin\frac{\theta}{2}\bm{u} = \cos\frac{\theta}{2} + \left(b\sin\frac{\theta}{2}\right)i + \left(c\sin\frac{\theta}{2}\right)j + \left(d\sin\frac{\theta}{2}\right)k$$
$$(b^2 + c^2 + d^2 = 1)$$

なる四元数を使って，$R_q(\bm{v}) = q_{\theta,\bm{u}}\bm{v}q_{\theta,-\bm{u}}$ で表される．実際，これを計算すると

$$R_q(\bm{v}) = \left(\cos\frac{\theta}{2} + \sin\frac{\theta}{2}\bm{u}\right)\bm{v}\left(\cos\frac{\theta}{2} - \sin\frac{\theta}{2}\bm{u}\right)$$
$$= \cos^2\frac{\theta}{2}\bm{v} + \cos\frac{\theta}{2}\sin\frac{\theta}{2}(\bm{u}\bm{v} - \bm{v}\bm{u}) - \sin^2\frac{\theta}{2}\bm{u}\bm{v}\bm{u}$$

となる．そして，

$$\bm{u}\bm{v} - \bm{v}\bm{u} = 2\bm{u} \times \bm{v}, \quad \bm{u}\bm{v}\bm{u} = \bm{v} - 2(\bm{v}\cdot\bm{u})\bm{u}$$

が四元数の計算則から分かるので，$\bm{u}$ と直交するベクトル $\bm{v}$ に対して，

$$R_q(\bm{v}) = \cos\theta\bm{v} + \sin\theta(\bm{u}\times\bm{v}), \quad R_q(\bm{v})\cdot\bm{v} = \cos\theta|\bm{v}|^2$$

となる．また，$q_{\theta,\bm{u}}\, q_{\theta,-\bm{u}} = 1$ であるから

$$R_q(q) = q_{\theta,\bm{u}}\, q_{\theta,\bm{u}}\, q_{\theta,-\bm{u}} = q$$

となり，R_q が $\bm{u}$ を軸とする回転角 θ の回転であることが分かる．

　最後に，(2 成分) スピノルは複素数を成分とする 2 次元ベクトルで表現されることを説明しよう．まず，対応

$$\begin{bmatrix}\alpha \\ \beta\end{bmatrix} = \begin{bmatrix}a+bi \\ c+di\end{bmatrix} \iff \alpha + \beta j = a + bi + cj + dk$$

により，四元数の全体 $\boldsymbol{H}$ は複素数をスカラーとする複素ベクトル空間とみなすことができる．この複素ベクトル空間がスピン表現の表現空間である．

次に，四元数は複素 2×2 行列の一部とみなせる：
$$\boldsymbol{H} \hookrightarrow M_2(\mathbf{C}^2)$$
すなわち，四元数を行列で表示することができる．実際，
$$I = \begin{bmatrix} i & 0 \\ 0 & -i \end{bmatrix} = i\sigma_3$$
$$J = \begin{bmatrix} 0 & -1 \\ 1 & 0 \end{bmatrix} = -i\sigma_2$$
$$K = \begin{bmatrix} 0 & -i \\ -i & 0 \end{bmatrix} = -i\sigma_1$$

(σ_i はパウリ行列．次ページの「ディラック方程式」参照) とおくと，
$$I^2 = J^2 = K^2 = IJK = -I_2$$
を満たす．したがって，四元数 $a + bi + cj + dk$ に 2×2 行列
$$aI_2 + bI + cJ + dK = \begin{bmatrix} a+bi & -c-di \\ c-di & a-bi \end{bmatrix}$$
を対応させることにより，四元数の行列表示が得られる．

そして，3 次元回転 R_q を与える四元数 $q = q_{\theta,\boldsymbol{u}}$ の全体 S^3 は，四元数の全体の一部であるから，
$$S^3 = \left\{ q_{\theta,\boldsymbol{u}} = \cos\frac{\theta}{2} + \sin\frac{\theta}{2}\boldsymbol{u} \,\Big|\, 0 \leq \theta \leq 2\pi, \boldsymbol{u} \in \mathbf{R}^3, |\boldsymbol{u}| = 1 \right\}$$
$$\hookrightarrow \boldsymbol{H} \hookrightarrow M_2(\mathbf{C}^2)$$

S^3 は複素ベクトル空間 $\boldsymbol{H}$ に作用することが分かる．こうして，S^3 を対称性とするスピン表現 $\boldsymbol{H} = \mathbf{C}^2$ が，四元数を通じて自然に得られることが分かった．

8.7 マクスウェルの方程式と 4 次元の微分形式

★ Hodgepodge ★   ディラック方程式

量子化の処方箋である正準量子化で得られるスピン 0 のスカラー粒子の波動関数 ϕ が満たす**クライン-ゴルドン方程式**は

$$\left(\frac{\partial^2}{\partial t^2} - \nabla^2 + m^2\right)\phi = 0$$

である．ここで，$\nabla^2 = \frac{\partial^2}{\partial x^2} + \frac{\partial^2}{\partial y^2} + \frac{\partial^2}{\partial z^2}$ はラプラス作用素である．この方程式は，時間微分について 2 次であり粒子の存在確率が負になるという欠陥をもっていた．そこで，ディラックは，微分演算子について 1 次の相対論的な方程式を探し，スピン 1/2 の粒子の波動関数 ψ (4 成分をもつスピノル) に対する次の方程式を発見した：

$$\left(i\sum_{\mu=0}^{3}\gamma^{\mu}\frac{\partial}{\partial x^{\mu}} - mI_4\right)\psi = 0$$

ここで，**ガンマ行列**は，次のように定められる 4×4 行列である：

$$\gamma^0 = \begin{bmatrix} I_2 & 0 \\ 0 & -I_2 \end{bmatrix}, \quad \gamma^\mu = \begin{bmatrix} 0 & \sigma_i \\ -\sigma_i & 0 \end{bmatrix} \quad (\mu = 1, 2, 3)$$

σ_i は次の**パウリ行列**である．

$$\sigma_1 = \begin{bmatrix} 0 & 1 \\ 1 & 0 \end{bmatrix}, \quad \sigma_2 = \begin{bmatrix} 0 & -i \\ i & 0 \end{bmatrix}, \quad \sigma_3 = \begin{bmatrix} 1 & 0 \\ 0 & -1 \end{bmatrix} \quad \left(\text{もちろん，} i = \sqrt{-1}\right)$$

ガンマ行列が

$$\frac{1}{2}(\gamma^\mu \gamma^\nu + \gamma^\nu \gamma^\mu) = g^{\mu\nu}, \quad \left((g^{\mu\nu}) = \begin{bmatrix} 1 & 0 & 0 & 0 \\ 0 & -1 & 0 & 0 \\ 0 & 0 & -1 & 0 \\ 0 & 0 & 0 & -1 \end{bmatrix}\right)$$

を満たすことから，ディラック方程式を満たす波動関数はクライン-ゴルドン方程式も満たすことが分かる．数学的には，ガンマ行列がクリフォード代数の基本関係式を満たしていることを意味している．

★ Hodgepodge ★　ディラック

Dirac, Paul Adrian Maurice (1902–1984)

ブリストル大学で電気工学，数学を学び，ケンブリッジ大学で物理学を学ぶ．1928 年に電子の相対論的な量子力学を記述する方程式としてディラック方程式を考案した．陽電子の存在を予言し，1933 年にノーベル物理学賞を受賞している．

ディラックの導入したデルタ関数は超関数の理論として合理化され，スピノールはスピン構造という新しい概念を生み出し，数学に大きな影響を与えた．また，数学的美しさの観点から単一電荷に対応した単一磁荷 (モノポール) の存在を考察し，超弦理論の枠組みで合理化されている．

★ Hodgepodge ★　ゲージ理論とミレニアム懸賞問題

電磁場の相対論的量子力学 (量子電磁力学) の基本方程式がディラック方程式であるが，これはゲージ理論の方程式として理解できる．

方程式 $\operatorname{div} \boldsymbol{B} = 0$, $\operatorname{rot} \boldsymbol{E} = -\dfrac{\partial \boldsymbol{B}}{\partial t}$ により，ポテンシャル $\phi, \boldsymbol{A}$ を導入する：

$$\boldsymbol{B} = \operatorname{rot} \boldsymbol{A}, \quad \boldsymbol{E} = -\frac{\partial \boldsymbol{A}}{\partial t} - \operatorname{grad} \phi$$

また，

$$A^0 = \frac{\phi}{c}, \; {}^t[A^1, A^2, A^3] = \boldsymbol{A}, \; j^0 = c\rho,$$

$$ {}^t[j^1, j^2, j^3] = \mathrm{J}, \; \partial_\mu = \frac{\partial}{\partial x^\mu}, \; \partial^\mu = \sum_\nu g^{\mu\nu} \partial_\nu$$

を導入する．また，$F_{\mu\nu} := \partial_\mu A_\nu - \partial_\nu A_\mu$ とおく．すると，マクスウェル方程式の残りの式は

$$\sum_\mu \partial^\mu F_{\mu\nu} = -\mu_0 j^\nu$$

と表せる．時空の各点におけるゲージ変換 $\psi(x) \mapsto e^{i\alpha(x)}\psi(x)$ について，共変微分

$$D_\mu = \partial_\mu - i A_\mu(x)$$

8.7 マクスウェルの方程式と 4 次元の微分形式

が自然な変換性をもち，電磁場の強さが作用素の交換子

$$[D_\mu, D_\nu] := D_\mu D_\nu - D_\nu D_\mu = -iF_{\mu\nu}$$

という形で出てくる．

より一般のゲージ理論は，C.N. ヤン (Yang, 楊振寧) と R. ミルズ (Mills) による 1954 年の論文で導入された．そこでは核子の内部対称性であるアイソスピンに関するゲージ不変性が登場した．核子の波動関数 $\Psi(x)$ の (局所) ゲージ変換

$$\Psi(x) = \begin{bmatrix} p(x) \\ n(x) \end{bmatrix} \mapsto U\Psi(x) \quad (U \in SU(2))$$

の下での理論の不変性がアイソスピン不変性である．ここで，$SU(2)$ は，行列式 1 の 2×2 ユニタリ行列の集合で，行列の積に関して閉じていていわゆる (連続) 群を成している．電磁場の場合の絶対値 1 の複素数の乗法群 $U(1) = \{e^{i\theta} \mid \theta \in \mathbf{R}\}$ と異なり，内部対称性の群 $SU(2)$ は交換則が成り立たない非可換群である．$SU(2)$ の次元分のゲージポテンシャル $\boldsymbol{A}_\mu(x) = \sum_{i=1}^{3} \frac{\sigma_i}{2} A_\mu^i(x)$ に関する共変微分 $D_\mu = \partial_\mu - i\boldsymbol{A}_\mu$ を導入すると，陽子と中性子の系のヤン-ミルズ方程式は

$$\partial^\mu \boldsymbol{F}_{\mu\nu} - i[\boldsymbol{A}^\mu, \boldsymbol{F}_{\mu\nu}] = \boldsymbol{J}_\nu$$

$$\boldsymbol{F}_{\mu\nu} := \partial_\mu \boldsymbol{A}_\nu - \partial_\nu \boldsymbol{A}_\mu - i[\boldsymbol{A}_\nu, \boldsymbol{A}_\mu], \quad \boldsymbol{J}_\nu := \sum_{i=1}^{3} \frac{\sigma_i}{2} \overline{\Psi}(x) \gamma_\nu \frac{\sigma_i}{2} \Psi(x)$$

となる．ここで，σ_i はパウリ行列で，γ_ν はディラックのガンマ行列である．

ゲージ場の古典論は 4 次元多様体の可微分構造の研究などに応用されている．一方，ゲージ場の量子論 (量子ヤン-ミルズ理論) は，$U(1) \times SU(2)$ をゲージ対称性とする電弱理論，$SU(3)$ をゲージ対称性とする量子色力学，そしてそれらを統一した $U(1) \times SU(2) \times SU(3)$ をゲージ対称性とする標準模型に適用されている．こうした非可換群をゲージ対称性とする理論では，3 つの性質，質量ギャップ，(クォークの) 閉じ込め，カイラル対称性の破れが期待されているが，理論的な導出には成功していない．

「ナヴィエ-ストークスの方程式」(6.4 節, p.95) でも触れたクレイ数学研究所のミレニアム懸賞問題の一つが，(一般のコンパクト単純群をゲージ対称性とする) 量子ヤン-ミルズ理論の存在と質量ギャップを証明することである．元の量子ヤン-ミルズ理論に超対称性を加えると，状況はだいぶ簡単になるが，それについては近年一段と理解が深まりつつあり，問題解決への一歩になると思われる．

章 末 問 題

問題 8.1 勝手な 2 次微分形式 $\eta = g_1 dy \wedge dz + g_2 dz \wedge dx + g_3 dx \wedge dy$ に対して, $\eta = \omega_1 \wedge \omega_2$ が成り立つような適当な 1 次微分形式 ω_1, ω_2 が存在することを示せ.

問題 8.2 (i) (x, y, u, v) を $\mathbf{R}^4$ の座標として $\omega = xdy - ydx + udv - vdu$ とする. このとき, $d\omega, d\omega \wedge d\omega$ を求めよ.

(ii) 1 次微分形式 ω に対して, C^2 級関数 f, g が存在して $\omega = fdg$ と書けるとき, $\omega \wedge d\omega = 0$ であることを示せ.

問題 8.3 $u(x, y), v(x, y)$ を領域 $D \ (\subset \mathbf{R}^2)$ 上定義された C^1 級関数とする.

(i) $du \wedge dx + dv \wedge dy$ を dx, dy とスカラー (関数) のみで表せ.

(ii) 4 変数 x, y, p, q の空間 $\tilde{D}$ 上の関数 $P = p + u(x, y), Q = q + v(x, y)$ に対して, $\tilde{D}$ 上の 2 次微分形式として等式
$$dP \wedge dx + dQ \wedge dy = dp \wedge dx + dq \wedge dy$$
m が成り立つための u, v に関する条件を求めよ.

問題 8.4 次の微分形式の引き戻しをそれぞれ計算せよ ($f(s, t)$ は C^1 級関数とする).

(i) $\phi^*(dx \wedge dy + xdy \wedge dz), \quad \phi : \mathbf{R}^2 \to \mathbf{R}^3; \phi(s, t) = (s^2, st, t^2) = (x, y, z)$.

(ii) $\psi^*(\xi dx + \eta dy),$
$\psi : \mathbf{R}^2 \to \mathbf{R}^4; \psi(s, t) = \left(s, t, \dfrac{\partial f(s, t)}{\partial s}, \dfrac{\partial f(s, t)}{\partial t}\right) = (x, y, \xi, \eta)$.

問題 8.5 $\mathbf{R}^3$ 上の C^1 級関数 f, g について, $d(fdx \wedge dy + gdy \wedge dz) = 0$ となるための (f, g について) 条件を求めよ.

問題 8.6 次の平面のベクトル場 $\boldsymbol{F}$ はポテンシャル関数 f をもつか (すなわち, $\boldsymbol{F} = \operatorname{grad} f$ と表せるか). もつならば, それを求めよ.

(i) $\boldsymbol{F} = {}^t[x, y]$. (ii) $\boldsymbol{F} = {}^t[xy, xy]$. (iii) $\boldsymbol{F} = {}^t[x^2 + y^2, 2xy]$.

問題 8.7 次のベクトル場 $\boldsymbol{F}$ に対して, $\boldsymbol{F} = \operatorname{rot} \boldsymbol{G}$ となるベクトル場 $\boldsymbol{G}$ が存在するか. もし存在するならば, それを求めよ.

(i) $\boldsymbol{F} = {}^t[xz, -yz, y]$. (ii) $\boldsymbol{F} = {}^t[x \cos y, -\sin y, \sin x]$.

(iii) $\boldsymbol{F} = {}^t[x^2 + 1, z - 2xy, y]$.

問題 8.8 $\boldsymbol{F}$ を空間 $\mathbf{R}^3$ の (C^1 級の) ベクトル場として, $\operatorname{div} \boldsymbol{F} = 0$, $\operatorname{rot} \boldsymbol{F} = 0$ と仮定する. このとき, $\boldsymbol{F} = \nabla f$ かつ $\nabla^2 f = 0$ を満たす関数 f が存在することを示せ.

問題 8.9 xy 平面から原点を除いた領域 $S = \mathbf{R}^2 \setminus \{(0,0)\}$ 上の微分形式 $\omega = \dfrac{-ydx + xdy}{x^2 + y^2}$ について, 次の問に答えよ:

(i) $d\omega = 0$ を示せ.

(ii) 反時計回りの単位円周上の道を C とするとき, 積分 $\displaystyle\int_C \omega$ を求めよ.

参考文献

　本書を執筆するに当たり参考にさせていただいた書物を挙げる．本書の構想の基は，Jack Morava 氏に教えていただいた Marsden-Tromba [7] に負っている．

　本書に必要な予備知識は，多くの書物から学べるが，ここでは同じライブラリの [8], [9], [10] を挙げておこう．

[1] 岩堀長慶，ベクトル解析，数学選書 2，裳華房 (1960)
[2] 戸田盛和，ベクトル解析，理工系の数学入門コース 3，岩波書店 (1989)
[3] 丹羽敏雄，ベクトル解析　すうがくぶっくす 6，朝倉書店 (1989)
[4] 深谷賢治，電磁場とベクトル解析，岩波講座現代数学への入門 17，
　　岩波書店 (1995)
[5] 志賀浩二，ベクトル解析 30 講，数学 30 講シリーズ 7，朝倉書店 (1989)
[6] 杉浦光夫，解析入門 II，東京大学出版会 (1985)
[7] Jerrold E. Marsden, Anthony J. Tromba, *Vector Calculus*, 4th ed.,
　　W.H Freeman and Co. (1996)
[8] 金子晃，数理系のための 基礎と応用 微分積分 I, II,
　　ライブラリ理工新数学 T1, T2，サイエンス社 (2000, 2001)
[9] 山本昌宏，理工系のための 基礎と応用 微分積分，
　　ライブラリ理工新数学 T3，サイエンス社 (2004)
[10] 磯祐介，新しい線形代数学通論，
　　ライブラリ理工新数学 T4，サイエンス社 (2014)

問・章末問題 正解

詳しい解答はウェブサイト (http://www.saiensu.co.jp) にあります.

第 1 章

1.3 節 問 $|t\boldsymbol{a}+\boldsymbol{b}|^2 = |\boldsymbol{a}|^2 t^2 + 2(\boldsymbol{a}\cdot\boldsymbol{b})t + |\boldsymbol{b}|^2 \geqq 0 \ (\forall t \in \mathbf{R})$ の判別式を考えよ.
1.4 節 問 行列式の性質から直ちに従う. (v) $\det[\boldsymbol{a},\boldsymbol{b},\boldsymbol{c}]$ の第 1 列に関する余因子展開を考えよ. **問** (i), (ii) 略. (iii) 直接の計算で確かめられる.

章末問題 1.1 (i) $\frac{x-1}{1} = \frac{y-1}{2} = \frac{z-1}{3}$ (ii) ${}^t[x,y,z] = t\,{}^t[1,1,1] + {}^t[1,2,3]$ または $x-1 = y-2 = z-3$ (iii) ${}^t[x,y,z] = t\,{}^t[1,0,1] + {}^t[1,2,1]$ または $x-1 = z-1, y = 2$ **1.2** (i) $x+y+z = 3$ (ii) $-x-2y+z = -2$ (iii) $x-y+z = 5$ **1.3** $a+b-c = 0 \ ((a,b,c) \neq (0,0,0))$ なる a,b,c について ${}^t[x,y,z] = {}^t[3,2,1] + t\,{}^t[a,b,c]$ と表示される直線すべて.
1.4 この領域 (3 角錐) の体積は $\frac{1}{6abc}$. **1.5** 3 **1.6** (i) ${}^t[0,0,a_1b_2 - a_2b_1]$
(ii) ${}^t[a_2b_3, -a_1b_3, a_1b_2]$ (iii) ${}^t[a_2 - b_2, b_1 - a_1, a_1b_2 - a_2b_1]$
1.7 グラスマンの恒等式の両辺の各成分を比較する. ヤコビの恒等式は, グラスマンの恒等式を使えば直ちに示せる. **1.8** (i) $\cos\theta = \frac{1}{3}$ (ii) $\cos\theta = \frac{6}{\sqrt{42}}$
1.9 (i) $\frac{\sqrt{42}}{7}$ (ii) $\frac{5}{\sqrt{3}}$ **1.10** $x-1 = \frac{y-2}{-2} = z-3$
1.11 図は省略. パラメータ表示は, 例えば ${}^t[x,y,z] = {}^t[1+s, 1+\frac{1}{2s}, -1-s-\frac{1}{2s}]$ $(s \neq 0)$.

第 2 章

2.1 節 問 (1) (i) ${}^t[y,x,1]$ (ii) ${}^t[-\sin x \sin(yz), z\cos x \cos(yz), y\cos x \cos(yz)]$
(iii) ${}^t[y+z, x-z, x-y]e^{xy-yz+zx}$
(2) (i) は明らかで, (ii) はライプニッツの法則から直ちに得られる.
問 (i), (iii) は成分ごと, ライプニッツの法則から直ちに得られる.
2.2 節 問 (i) $\frac{\partial f}{\partial r} = \frac{x}{r}\frac{\partial f}{\partial x} + \frac{y}{r}\frac{\partial f}{\partial y}$, $\frac{\partial f}{\partial \theta} = -y\frac{\partial f}{\partial x} + x\frac{\partial f}{\partial y}$
(ii) $\frac{\partial^2}{\partial x^2} + \frac{\partial^2}{\partial y^2} = \frac{\partial^2}{\partial r^2} + \frac{1}{r}\frac{\partial}{\partial r} + \frac{1}{r^2}\frac{\partial^2}{\partial \theta^2}$
2.5 節 問 (i) $\operatorname{rot} \boldsymbol{F} = {}^t[0,0,0]$, $\operatorname{div} \boldsymbol{F} = 3$ (ii) $\operatorname{rot} \boldsymbol{F} = {}^t[0,0,0]$, $\operatorname{div} \boldsymbol{F} = -\sin x + \cos y + 2z$ (iii) $\operatorname{rot} \boldsymbol{F} = {}^t[-ye^{yz}, -ze^{zx}, -xe^{xy}]$, $\operatorname{div} \boldsymbol{F} = ye^{xy} + ze^{yz} + xe^{zx}$ **問** 基本性質の証明は略.

章末問題 2.1 (i) $\frac{\partial f}{\partial u} = \frac{1}{\sqrt{2}}\frac{\partial f}{\partial x} + \frac{1}{\sqrt{2}}\frac{\partial f}{\partial y}$, $\frac{\partial f}{\partial v} = \frac{1}{\sqrt{2}}\frac{\partial f}{\partial x} - \frac{1}{\sqrt{2}}\frac{\partial f}{\partial y}$
(ii) $\frac{\partial f}{\partial u} = (-2u+4)\frac{\partial f}{\partial x} = \pm 2\sqrt{4-x}\frac{\partial f}{\partial x}$, $\frac{\partial f}{\partial v} = \frac{\partial f}{\partial y}$
2.2 $e^{t-t^2}\{3t^2\cos t^3 + (1-2t)\sin t^3\}$ **2.3** 略.
2.4 $t=0$ で速度 $(0,1,0)$, 加速度 $(2,0,-1)$. **2.5** (i) $\operatorname{grad} f = \frac{-n}{r^{n+2}}{}^t[x,y,z]$
(ii) $\operatorname{grad} f = {}^t[y,x,1]$ (iii) $\operatorname{grad} f = {}^t\left[\frac{1-x^2-y^2+2xz}{(1+x^2-y^2)^2}, \frac{2y(x-z)}{(1+x^2-y^2)^2}, \frac{-1}{1+x^2-y^2}\right]$
2.6 (i) $\operatorname{rot} \boldsymbol{F} = {}^t[0,0,0]$, $\operatorname{div} \boldsymbol{F} = 2(x+y+z)$

問・章末問題 正解　　　　　　　　　　　　**145**

(ii) rot $\boldsymbol{F} = {}^t[-1,-1,-1]$, div $\boldsymbol{F} = 3$　　(iii) rot $\boldsymbol{F} = {}^t[0,0,0]$, div $\boldsymbol{F} = xye^z$

2.7　(i)　rot $\boldsymbol{F} = {}^t\left[0, 0, \frac{\partial f_2}{\partial x} - \frac{\partial f_1}{\partial y}\right]$　　(ii)　rot $\tilde{\boldsymbol{F}} = 0$ なら，定義域が平面 $\mathbf{R}^2$ 全体の C^1 級ベクトル場については，$\boldsymbol{F} = \mathrm{grad}\, f$ なる関数 f が存在する．しかし，定義域が平面 $\mathbf{R}^2$ 全体でない場合は成り立たない．ベクトル場 $\boldsymbol{F} = {}^t\left[\frac{-y}{x^2+y^2}, \frac{x}{x^2+y^2}\right]$ について，rot $\tilde{\boldsymbol{F}} = 0$, $\int_C \boldsymbol{F} \cdot d\boldsymbol{r} = 2\pi \neq 0$ (C は単位円周)

2.8　(i) $\mathrm{grad}(\phi(\boldsymbol{x})) = B\boldsymbol{x} + {}^tB\boldsymbol{x} = (B + {}^tB)\boldsymbol{x}$
(ii) $A = (a_{ij})$ とおくと，仮定から $a_{ji} = a_{ij}$ であり，$\boldsymbol{F} = {}^t[f_1, f_2, f_3]$ とすると
$f_i = \sum_{j=1}^{3} a_{ij} x_j$ で $(f_i)_{x_j} - (f_j)_{x_i} = a_{ij} - a_{ji} = 0$ となり，
rot $\boldsymbol{F} = {}^t[(f_3)_{x_2} - (f_2)_{x_3}, (f_1)_{x_3} - (f_3)_{x_1}, (f_2)_{x_1} - (f_1)_{x_2}] = 0$ を得る．

2.9　$\boldsymbol{F} = {}^t[f_1, f_2, f_3]$ とおくと，
$\boldsymbol{F} \times \mathrm{grad}\, f = {}^t[f_2 \partial_3 f - f_3 \partial_2 f, f_3 \partial_1 f - f_1 \partial_3 f, f_1 \partial_2 f - f_2 \partial_1 f]$ となり，
$\mathrm{div}(\boldsymbol{F} \times \mathrm{grad}\, f)$
$= \partial_1(f_2 \partial_3 f - f_3 \partial_2 f) + \partial_2(f_3 \partial_1 f - f_1 \partial_3 f) + \partial_3(f_1 \partial_2 f - f_2 \partial_1 f)$
$= (\partial_1 f_2)(\partial_3 f) - (\partial_1 f_3)(\partial_2 f)$
$\quad + (\partial_2 f_3)(\partial_1 f) - (\partial_2 f_1)(\partial_3 f)$
$\quad + (\partial_3 f_1)(\partial_2 f) - (\partial_3 f_2)(\partial_1 f)$
$\quad + f_2 \partial_1 \partial_3 f - f_3 \partial_1 \partial_2 f + f_3 \partial_2 \partial_1 f - f_1 \partial_2 \partial_3 f + f_1 \partial_3 \partial_2 f - f_2 \partial_3 \partial_1 f$
$= \{(\partial_2 f_3) - (\partial_3 f_2)\}(\partial_1 f) + \{(\partial_3 f_1) - (\partial_1 f_3)\}(\partial_2 f) + \{(\partial_1 f_2) - (\partial_2 f_1)\}(\partial_3 f)$
$= (\mathrm{rot}\, \boldsymbol{F}) \cdot (\mathrm{grad}\, f)$

2.10　例えば，(i)　$\boldsymbol{F} = {}^t[x, y, z], \boldsymbol{G} = {}^t[1, 1, 1]$
(ii)　$\boldsymbol{F} = {}^t[1, 1, 1], \boldsymbol{G} = {}^t[z, x, y]$　　**2.11**　2.6 節の例題参照．

第 3 章

3.2 節　問　(1)　2π　　(2)　$2\sqrt{2}\,\pi$　　(3)　$\sqrt{17} + \frac{1}{4} \log(4 + \sqrt{17})$
(4)　8　　(5)　8
3.4 節　問　(1) C_1 上 $\alpha\beta + \beta\gamma + \gamma\alpha$, C_2 上 $\alpha\beta$　　(2) (i) 2π　　(ii) 0　　(iii) 2π
3.5 節　問　(1)　0　　(2)　(i) $\frac{3}{8}\pi a^2$　　(ii) 3π

章末問題　3.1　(i) ねじれ 3 次曲線と呼ばれる曲線．図は略す．
(ii) の曲線 $y = (e^x + e^{-x})/2$ (図は略す)．　　**3.2**　(i)　$\int_0^s \sqrt{2}\, dt = \sqrt{2}\, s$
(ii)　$\int_0^s \sqrt{1 + 4t^2}\, dt = \frac{1}{4}\{2s\sqrt{1 + 4s^2} + \log(2s + \sqrt{1 + 4s^2})\}$
($\int \sqrt{1 + x^2}\, dx = \frac{1}{2}\{x\sqrt{1 + x^2} + \log(x + \sqrt{1 + x^2})\}$ を使う．)　　(iii)　$4\left(1 - \cos\frac{s}{2}\right)$
3.3　(i)　$(x, y, z) = (\pi, \pi^2, -\pi) + s(1, 2\pi, -1)$ あるいは $x - \pi = \frac{y - \pi^2}{2\pi} = \frac{z + \pi}{-1}$
(ii)　$(0, -\pi^2, 0)$　　**3.4**　(i) $\frac{\pi^3}{24}$　　(ii) 1　　**3.5**　$\frac{5}{2} - \frac{1}{2} e^2$
3.6　$\int_C -y\, dx + x\, dy - z\, dz = \int_C \boldsymbol{F} \cdot d\boldsymbol{r} = 2\pi$ (ここで $\boldsymbol{F} = {}^t[-y, x, -z]$, C のパラメータ表示 ${}^t[x, y, z] = \boldsymbol{r}(\theta) = {}^t[\cos\theta, \sin\theta, 1 - \sqrt{2}\sin(\theta + \frac{\pi}{4})]$ $(0 \leq \theta \leq 2\pi)$ を使う．)
3.7　$-\pi$　　**3.8**　$(a+1)^2(b+1)(c+1) - a^2 bc$　(3.5 節 例題参照)
3.9　$A(S) = \frac{2}{3} a^2$　　**3.10**　$A(S) = \int_{\partial S} x\, dy = \frac{3}{2}\pi$

第 4 章

4.1 節 問 (i) (1) 楕円面 $(x,y,z) = (a\cos\theta\cos\varphi, b\cos\theta\sin\varphi, c\sin\theta)$
$(0 \leqq \theta \leqq 2\pi, \; -\frac{\pi}{2} \leqq \varphi \leqq \frac{\pi}{2})$ (2) 1 葉双曲面
$(x,y,z) = (a\cosh t\cos\varphi, b\cosh t\sin\varphi, c\sinh t)\; (-\infty < t < \infty, \; 0 \leqq \varphi \leqq 2\pi)$
(3) 2 葉双曲面
$(x,y,z) = (a\cosh t, b\sinh t\cos\varphi, c\sinh t\sin\varphi)\; (-\infty < t < \infty, \; 0 \leqq \varphi \leqq 2\pi)$
(4) 関数 $g(x,y)$ のグラフ $(x,y,z) = (x,y,g(x,y))$ ($\cosh t, \sinh t$ は双曲線関数)
(ii) 図は略す.

4.3 節 問 (i) 点 (x_0, y_0, z_0) における接平面 (1) 楕円面 $\frac{x_0 x}{a^2} + \frac{y_0 y}{b^2} + \frac{z_0 z}{c^2} = 1$
(2) 1 葉双曲面 $\frac{x_0 x}{a^2} + \frac{y_0 y}{b^2} - \frac{z_0 z}{c^2} = 1$ (3) 2 葉双曲面 $\frac{x_0 x}{a^2} - \frac{y_0 y}{b^2} - \frac{z_0 z}{c^2} = 1$
(4) 関数 $g(x,y)$ のグラフ $z - z_0 = \frac{\partial g}{\partial x}(x_0, y_0)(x - x_0) + \frac{\partial g}{\partial y}(x_0, y_0)(y - y_0)$
(ii) $(x_1, y_1, z_1) = \left(\frac{x_0}{1+\frac{\lambda}{a^2}}, \frac{y_0}{1-\frac{\lambda}{b^2}}, \frac{z_0}{1-\frac{\lambda}{c^2}}\right)$. λ は $\frac{x_0^2}{(a+\frac{\lambda}{a})^2} - \frac{y_0^2}{(b-\frac{\lambda}{b})^2} - \frac{z_0^2}{(c-\frac{\lambda}{c})^2} = 1$ の解.

章末問題 4.1 xz 平面内の 2 直線 $x - z = 0, x + z = 0$ を z 軸の周りに回転してできる円錐. 図は略す. **4.2** 図は略す. パラメータ表示は, 例えば $(x,y,z) = (az\cos\theta, bz\sin\theta, z)\; (-\infty < z < \infty, \; 0 \leqq \theta \leqq 2\pi)$ で与えられる.
4.3 (i) $3x - y + z = 0$ (ii) $9x - 12y - z - 4 = 0$ **4.4** $(2, \frac{1}{2}, \frac{19}{4})$
4.5 空間曲線についても曲線の長さは, $L = \int_a^b |\dot{\boldsymbol{r}}(t)| dt$ で与えられる.
$\dot{\boldsymbol{r}}(t) = \frac{\partial \boldsymbol{x}}{\partial u}\frac{du}{dt} + \frac{\partial \boldsymbol{x}}{\partial v}\frac{dv}{dt} = J(\boldsymbol{x})\boldsymbol{w}, \; J(\boldsymbol{x}) = \left(\frac{\partial \boldsymbol{x}}{\partial u}, \frac{\partial \boldsymbol{x}}{\partial v}\right) = (\boldsymbol{x}_u, \boldsymbol{x}_v),\; \boldsymbol{w} = {}^t\!\left[\frac{du}{dt}, \frac{dv}{dt}\right]$
となるが, ${}^t\!J(\boldsymbol{x})J(\boldsymbol{x}) = \begin{pmatrix} \boldsymbol{x}_u \cdot \boldsymbol{x}_u & \boldsymbol{x}_u \cdot \boldsymbol{x}_v \\ \boldsymbol{x}_v \cdot \boldsymbol{x}_u & \boldsymbol{x}_v \cdot \boldsymbol{x}_v \end{pmatrix} = \begin{pmatrix} E & F \\ F & G \end{pmatrix}$ であり,
$|\dot{\boldsymbol{r}}(t)|^2 = {}^t\!\boldsymbol{w}\,{}^t\!J(\boldsymbol{x})J(\boldsymbol{x})\boldsymbol{w} = E\left(\frac{du}{dt}\right)^2 + 2F\left(\frac{du}{dt}\right)\left(\frac{dv}{dt}\right) + G\left(\frac{dv}{dt}\right)^2$ から,
$|\dot{\boldsymbol{r}}(t)| = \sqrt{E\left(\frac{du}{dt}\right)^2 + 2F\left(\frac{du}{dt}\right)\left(\frac{dv}{dt}\right) + G\left(\frac{dv}{dt}\right)^2}$ となり, 求める式を得る.

4.6 (i) $J(F)_{(a,b,c)} = \begin{bmatrix} 1 & 0 & 0 \\ 0 & 1 & 0 \\ f_x(a,b,c) & f_y(a,b,c) & f_z(a,b,c) \end{bmatrix}$ で rank $J(F)_{(a,b,c)} = 3$
(ii) $(u,v,w) = F(F^{-1}(u,v,w)) = F(g_1(u,v,w), g_2(u,v,w), g_3(u,v,w))$
$= (g_1(u,v,w), g_2(u,v,w), f(g_1(u,v,w), g_2(u,v,w), g_3(u,v,w)))$
より $g_1(u,v,w) = u, g_2(u,v,w) = v, f(g_1(u,v,w), g_2(u,v,w), g_3(u,v,w)) = w$ を得る. (iii) (ii) の最後の式で, $w = 0$ とおくと, $f(u, v, g_3(u,v,0)) = 0$. あとは $x = u, y = v$ と書き換えればよい.

第 5 章

章末問題 5.1 (i) $\frac{\pi}{2}$ (ii) $2a^2$ **5.2** 140 **5.3** $\frac{2\pi}{3}\{(1+a^2)^{3/2} - 1\}$
5.4 (i) $\frac{1}{6}(6^{3/2} - 2^{3/2})$ (ii) $\frac{4}{3}\pi$ **5.5** $\{\sqrt{2} + \log(1+\sqrt{2})\}\pi$
5.6 (i) 2π (ii) $\frac{15}{2}\pi$ (iii) 2π **5.7** $\frac{2\pi}{5}a^3 bc$
5.8 S のパラメータ表示として $\boldsymbol{x}(x,y) = (x, y, z_0)\;((x,y) \in D)$ ととれる. ここで D は S の平面 $z = z_0$ への射影. S の向きとして x, y の順番をとる. $\frac{\partial \boldsymbol{x}}{\partial x} \times \frac{\partial \boldsymbol{x}}{\partial y} =$

$^t[1,0,0] \times {}^t[0,1,0] = {}^t[0,0,1]$. 一方，この問では $\boldsymbol{F} = {}^t[f,0,0]$ ととれる．ゆえに $\int_S f(x,y,z)dydz = \int_S \boldsymbol{F} \cdot d\boldsymbol{A} = \int_D \boldsymbol{F} \cdot \left(\frac{\partial \boldsymbol{x}}{\partial x} \times \frac{\partial \boldsymbol{x}}{\partial y}\right) dxdy = \int_D 0 dxdy = 0$ となる．

第 6 章

章末問題 6.1 $3\pi a^2$　**6.2** (i) $f = x^2 \cos y$
(ii) $e^{2t_1-2} \cos \sin \frac{\pi}{t_1} - e^{2t_0-2} \cos \sin \frac{\pi}{t_0}$　**6.3** (i) -2π　(ii) -16π
6.4 $d\boldsymbol{A} = {}^t[-2x, 2y, 1]dxdy$ であり，$\boldsymbol{F} = {}^t[y+z, z+x, x^2+y^2]$，$D: -1 \leqq x \leqq 1, -1 \leqq y \leqq 1$ とするとき，求める積分は $= \int_S \boldsymbol{F} \cdot d\boldsymbol{A} = \int_D \{2z(y-x) + (x^2+y^2)\}dxdy = \frac{8}{3}$ となる．
6.5 (i) 略　(ii) ストークスの公式を $\boldsymbol{a} \times \boldsymbol{F}$ に適用する．
6.6 $\nabla_x = P\nabla_y$ (第 2 章の章末問題 2.9) かつ，$\det P = 1$ について $P(\boldsymbol{a} \times \boldsymbol{b}) = (P\boldsymbol{a}) \times (P\boldsymbol{b})$, ゆえ $\nabla_x \times \boldsymbol{F} = (P\nabla_y) \times \boldsymbol{F} = P(\nabla_y \times P^{-1}\boldsymbol{F})$ となる．
6.7 (i) 各成分ごと確かめる．(ii) $\mathrm{rot}(f\nabla g + g\nabla f) = (\nabla f) \times (\nabla g) + (\nabla g) \times (\nabla f) = 0$ とストークスの公式により明らか．
6.8 グリーンの公式と f の条件により示せる．

第 7 章

7.4 節　問 略

章末問題 7.1 $\frac{8\pi}{3}$　**7.2** π　**7.3** $\mathrm{div}\,\boldsymbol{r} = 3$ とガウスの公式により示せる．
7.4 $\boldsymbol{F} = \boldsymbol{n}$ としてガウスの公式を使う．答は，$4\pi R^2$．**7.5** $\frac{16}{3}\pi$
7.6 $\int_S x dydz = \int_\Omega dV$ であり，他の積分も同じく Ω の体積となる．
7.7 ストークスの公式，積分と $\frac{\partial}{\partial t}$ との順序交換による．
7.8 ストークスの公式を使えばよい．

第 8 章

8.2 節　問 直接の計算ゆえ略す．
8.6 節　問 例えば，$\boldsymbol{F} = {}^t[1,1,1] = \mathrm{grad}(x+y+z) = \mathrm{rot}\,{}^t[z,x,y]$

章末問題 8.1 $\omega_1 = \omega_A, \omega_2 = \omega_B$ とおけば，条件 $\omega_1 \wedge \omega_2 = \eta$ は，$\boldsymbol{A} \times \boldsymbol{B} = \boldsymbol{G} = [g_1, g_2, g_3]$ に他ならない．$\boldsymbol{G}$ に直交する平面の 2 つのベクトルで張る平行四辺形の面積が $|\boldsymbol{G}|$ であるものをとればよい．**8.2** (i) $d\omega = 2(dx \wedge dy + du \wedge dv)$, $d\omega \wedge d\omega = 8 dx \wedge dy \wedge du \wedge dv$．(ii) $\omega = fdg$ とすると，$d\omega = df \wedge dg$ であり，$\omega \wedge d\omega = (fdg) \wedge (df \wedge dg) = -fdf \wedge (dg \wedge dg) = 0$ となる (1 次微分形式同士は反交換する)．**8.3** (i) $\left(-\frac{\partial u}{\partial y} + \frac{\partial v}{\partial x}\right) dx \wedge dy$　(ii) $\frac{\partial u}{\partial y} = \frac{\partial v}{\partial x}$
8.4 (i) $2s^2(1+t^2)ds \wedge dt$　(ii) $\frac{\partial f}{\partial s}ds + \frac{\partial f}{\partial t}dt = df$　**8.5** $\frac{\partial f}{\partial z} + \frac{\partial g}{\partial x} = 0$
8.6 (i) $f = \frac{1}{2}(x^2+y^2)$　(ii) ポテンシャル関数をもたない．
(iii) $f = \frac{1}{3}x^3 + xy^2$　**8.7** (i) $\boldsymbol{G} = {}^t[0, xy, xyz]$
(ii) $\boldsymbol{G} = {}^t[0, -\cos x, x \sin y]$　(iii) $\boldsymbol{G} = {}^t[\frac{1}{2}z^2, xy-z, x^2y]$
8.8 $\mathrm{rot}\,\boldsymbol{F} = 0$ ゆえ，$\boldsymbol{F} = \mathrm{grad}\,f$ なる関数 f が存在する．$0 = \mathrm{div}\,\boldsymbol{F} = \mathrm{div}\,\mathrm{grad}\,f = \nabla^2 f$ ゆえ，f が求めるもの．
8.9 (i) 直接計算して確かめられる．(ii) $\int_{2\pi}^0 d\theta = 2\pi$

索　引

あ行

アンペールの法則　110
一次結合　2
一次従属　3
一次独立　3
1葉双曲面　54
陰関数定理　56
陰関数表示　54
渦　93
内向き　79
円　40
円環面　55

か行

外積　5
回転　25
外微分　116
外微分作用素　117
ガウスの公式　98
角　5
可縮　128
カルタン　132
ガンマ行列　139
擬スカラー　35
軌跡　40
基底　4
基底の取替え　31
擬ベクトル　35
逆写像定理　62
曲線　10
曲線の長さ　41
曲面　54
曲率　11
距離　5

空間反転　33
空間ベクトル　1
クライン-ゴルドン方程式　139
グリーンの公式　47
グリーンの定理　107
クロス積　5
ゲージ理論　140
懸垂線　52
勾配　15, 22, 60
コーシー-シュワルツの不等式　5
コーシーの積分定理　52
コーシー-リーマンの関係式　52
弧長　41

さ行

サイクロイド　40, 52
座標　1
座標系　29
四元数　24, 28, 137
質点　10, 40
循環　25, 88
心臓型　40
スカラー場　21
スカラー場の面積分　74
スカラー倍　2
スカラーポテンシャル　129, 134
スカラー関数の線積分　43

ストークスの公式　83
ストークスの定理　123, 125
スピノル　132, 136
スピン　136
正規直交基底　11
制限　122
正の向き　78
積分曲線　23
接平面　57
ゼロベクトル　2
線形結合　2
線形変換　30
全微分　51, 112
全微分可能　14
線分要素　69
外向き　79

た行

第1種不完全楕円積分　43
体積変化率　105
体積要素　69
楕円体　82
楕円面　54
多変数の関数　15
多変数の写像　15
調和関数　27
直線　8
直線の式　8
直交座標系　29
直交変換　31
ディラック　140
ディラック方程式　139

索　引　149

テンソル　113

な行

内積　5
長さ　5
ナブラ　25
2葉双曲面　55
ネーターの定理　36

は行

媒介変数　8
パウリ行列　139
発散　25
波動方程式　109
ハミルトン・ベクトル場　22
パラメータ　8
パラメータ付きの曲線　39
パラメータ表示　55
引き戻し　122
被積分関数　111
微分幾何学　113
微分形式　132
微分形式の積分　123
標準基底　2
表面積　74
ファラデーの法則　110
フルネ-セレの公式　11
平行移動　29
平面　8
平面の方程式　9
平面ベクトル　1
ベクトル　1, 35

ベクトル空間　2
ベクトル値関数　16
ベクトル場　15, 16, 21
ベクトル場の線積分　45
ベクトル場の面積分　76
ベクトルポテンシャル　129, 134
ヘリコイド　82, 84
ヘルムホルツの定理　130
変数変換　16
偏導関数　14
偏微分係数　13
ポアッソン方程式　107
ポアンカレの補題　129
ポアンカレ予想　131
方向微分　21
方向ベクトル　8
法線ベクトル　9, 58
放物線　40, 52
ポテンシャル　127

ま行

マクスウェルの方程式　108
右手系　7
向き　47
面積要素　69, 73

や行

ヤコビ行列　17
ヤコビ行列式　18

ヤングの定理　14
ユークリッド空間　5

ら行

ライプニッツの法則　117, 119
ラグランジュの未定乗数法　64
螺旋　40, 52
ラプラシアン　27
ラプラス作用素　27
ランダウの記号　13
流束　75
流束積分　75
量子ヤン-ミルズ理論　141
れい率　11
レムニスケート　81
連鎖律　20
連続の方程式　108

わ行

和　2

英数字

$A^p(\Omega)$　115
$C^\infty(\Omega)$　113
C^r級　14
curl　25
div　25
grad　14
p-形式　113
p次微分形式　113
rot　25

著者略歴

清水勇二
<small>(しみずゆうじ)</small>

- 1982年　東京大学 理学部 数学科卒業
- 1984年　東京大学 大学院 修士課程修了
- 1986年　東北大学 理学部 助手
- 1992年　京都大学 理学部 講師
- 2007年　国際基督教大学 教養学部 教授（現職）
  　　　　博士（理学）

主要著訳書

複素構造の変形と周期 — 共形場理論への応用 —
　(共著, 岩波書店, 2008年)
数え上げ幾何と弦理論 (訳, 日本評論社, 2011年)

ライブラリ理工新数学–T5
基礎と応用 ベクトル解析 ［新訂版］

2006 年 6 月 25 日 ©	初 版 発 行
2015 年 3 月 10 日	初版第7刷発行
2016 年 2 月 25 日 ©	新訂第1刷発行
2023 年 3 月 10 日	新訂第8刷発行

著　者　清水勇二	発行者　森平敏孝
	印刷者　山岡影光
	製本者　小西惠介

発行所　株式会社　サイエンス社

〒151-0051　東京都渋谷区千駄ヶ谷1丁目3番25号
営業　☎(03) 5474-8500（代）　振替 00170-7-2387
編集　☎(03) 5474-8600（代）
FAX　☎(03) 5474-8900

印刷　三美印刷　　　　　製本　ブックアート

《検印省略》

本書の内容を無断で複写複製することは，著作者および
出版者の権利を侵害することがありますので，その場合
にはあらかじめ小社あて許諾をお求め下さい．

ISBN978-4-7819-1378-0
PRINTED IN JAPAN

サイエンス社のホームページのご案内
http://www.saiensu.co.jp
ご意見・ご要望は
rikei@saiensu.co.jp まで．